探 知 真 实 的 内 心　　聆 听 动 人 的 感 悟

人总是在一次次地摔倒之后，
才学会走路；
也是在一次次经历之后，学会辨别；
更是在一次次感动和体悟之后，
长大成人。

总有一些感动让我们瞬间长大

帮你解开深埋内心的
疑问与困惑

郑一◎编著

你若能看懂一件事，便是长大了；
你若能看清一件事，便是开窍了；
你若能看破一件事，便是理性了。

成长，总伴随着无数感动、无数的心理困扰和情绪起伏，
那些使我们快速成长的，让我们不再迷茫的，
那些你想听的故事，都能在这里找到。

中国纺织出版社

内 容 提 要

生活应归属于平静，而不是嘈杂与烦乱，用一颗平常的心看待得失荣辱，让生命的真实在希冀中获得一次畅快的呼吸，在屡败屡战中依旧为自己大声喝彩。本书从13个方面，以轻松的笔调结合感动心灵的优美语句，让你在涤荡自己的心灵，使之纯净、宁静的同时，给生命以慰藉，给生活以关怀，善待自己，担待他人，感悟人生。

图书在版编目（CIP）数据

总有一些感动，让我们瞬间长大 / 郑一编著.—北京：中国纺织出版社，2017.5 （2024.1重印）

ISBN 978-7-5180-3234-1

Ⅰ.①总… Ⅱ.①郑… Ⅲ.①人生哲学—通俗读物 Ⅳ.①B821-49

中国版本图书馆 CIP 数据核字（2017）第 019308 号

责任编辑：闫 星　　　责任印制：储志伟

中国纺织出版社出版发行

地址：北京市朝阳区百子湾东里 A407 号楼　邮政编码：100124

销售电话：010—67004422　传真：010—87155801

http://www.c-textilep.com

E-mail:faxing@c-textilep.com

中国纺织出版社天猫旗舰店

官方微博 http://weibo.com/2119887771

北京兰星球彩色印刷有限公司　各地新华书店经销

2017 年 5 月第 1 版　2024年1月第5次印刷

开本：710×1000　1/16　印张：18.5

字数：245 千字　定价：49.80元

✦✦✦✦✦ 前言 ✦✦✦✦✦

PREFACE

生命是个奇怪的东西，自打我们来到人世，似乎就在为所谓的幸福努力着，于是很多人毕生都在奋斗，努力地证明自己生命的不凡。有的人选择了用事业上的成功来证实，有的人用不断争取来的权势来证实，有的人凭借巨额财产来证实，有的人用满腹的才华来证实……有的人成功了，也有一些人失败了，成功者春风得意，失败者殚精竭虑。然而，人生苦短，生命须臾间即逝，我们总是在马不停蹄地奔跑，却忘记欣赏沿途的风景，而你是否想过，当你殚精竭虑地得到了满怀的鲜花之时，抑或白发苍苍时，突然就会发现曾经在路边绽放的盈盈小花更加惹人爱怜，然而，那时的你已没有机会再回头去观赏它的淡雅美丽了。

关于幸福，哈佛教授本·沙哈尔曾说："一个幸福的人，必须有可以带来快乐和意义的目标，然后为之努力，真正快乐的人，会在自己认为有意义的生活里，享受它的点点滴滴。"挪威航海家弗里德持乔夫?南森也说："人生的第一大事是发现自己，因此，人们必须不时孤独和沉思。"人生路上，我们只有发现真正的自我，学会聆听自己的心声，才能更加从容地上路。

可见，追求幸福，就是要选好自己的人生模式，更为关键的，就是挥别那种精神和心境的无知无觉的疲惫状态，做好自己能做的一切，把握今天，着眼未来。

事实上，要做一个幸福的人，首先，他要学会明确自己的生存价值，能够以这样的格言来勉励自己："由来功名输勋烈，心中无私天地宽。"一个人若心中无过多的私欲，又怎会患得患失呢?

其次，他会认清自己所走的路，不过分在意得失，不过分看重成败，不过分在乎别人对他的看法。他会坚信：只要自己努力过，只要自己曾经奋斗过，做了自己喜欢做的事，还有什么在心里放不下的呢?

有人说，生命是一个过程，不是一个结果。生命是一个括号，左边括号是出生，右边括号是死亡，我们要做的事情就是填括号，要争取用精彩的生活、良好的心情把括号填满。

怎么享受生命这个过程呢？把注意力放在积极的事情上。生命如同旅游，记忆如同摄像，注意决定选择，选择决定内容。

再者，我们需要拥有一颗感恩的心，善于发现事物的美好，感受平凡中的美丽，那我们就会以坦荡的心境，豁达的胸怀来面对生活中的每一份酸甜苦辣，让原本平淡乏味的生活焕发出迷人的色彩，那么，你会发现，磨难与逆境也不过是飘来的“浮云”。其实，挫折也是人生的一笔财富。没有挫折的人生，从某种意义上来说是黯然失色的。说“挫折是人生的财富”，最主要的一点是挫折会让我们变得聪明，变得坚强，变得成熟，变得完美。当然，这首先需要我们经得住挫折。

最后，我们需要拥有一颗平常心。人生不可能总是大红大紫，不可能总是处于巅峰状态，也有可能处于低谷，也可能遭遇不顺，这就是人生。但总的来说，人生是平淡的，对待平淡的人生，我们也应该让自己的心静下来。懂得了这个道理，得意时你才不至于猖狂；失意时，你才不至于绝望，孤独时才不会心情惆怅。

生的平淡和起起伏伏都是一种生命的轨迹，而只有内心平和的人才能体味其中的真谛，因此，我们不妨以平常心看待生活，用心去享受简单生活中的快乐、幸福！

本书从一些经典、发人深省的故事入手，向我们阐述了豁达健康的人生态度和成功智慧，使读者在轻松阅读小故事的同时，从中获得丰富的生活哲理、人生经验和处世智慧，阅读本书，能开启你的智慧之门，让你犹如获得一盏明灯，照亮你向前行进的路。

编著者

2016 年 5 月

目录 CONTENTS

目录 CONTENTS

目录 CONTENTS

第7章　年轻挥洒汗水，感谢折磨你的人

第8章　我很重要，让自己变得不可替代

第9章　青春不需迷茫，赶走身上的怯懦的因子

目录 CONTENTS

第10章 每天静心冥想，在心里认清你自己

第11章 保持本色的自己，用思想敲开幸福的大门

第12章 体悟工作的温暖，追寻生命获得意义的过程

第13章　给生活一个笑脸，给自己一个安慰

第 1 章

总有一次触动，让你内心共鸣

Be Kind To Yourself Everyday

巴尔蒙特说："为了看看阳光，我来到世上。"从那感恩的话语里，我们感觉到他似乎从来没有受过伤害，总是以一份宁静的心态歌颂阳光、生活。对于每个人来说，生活是美好的，虽然不能避免偶尔的伤心和痛苦，但是，当每天睁开眼时，我们就应该告诉自己：今天又是新的一天，昨天已经过去了。无论多么悲伤的记忆，都被我们抛在身后，重新鼓起勇气，迎接新的一天。当然，看待生活的态度不同，每个人所懂得的人生真谛也有偏差。一个心中满是悲观情绪的人，他不懂得感恩，在他眼里只有黑暗，看不到光明，即使对着灿烂的阳光也会熟视无睹；一个懂得感恩的人，即使面对生活里的悲伤，他依然窥探到黑暗缝隙的光明。每天，当你清晨醒来的时候，我们要感谢上帝，因为自己又一次看到了太阳，对于我们来说，每一天都是新的。

MON 你若精神奕奕，每一天都是新的

有一位年老的父亲，他有两个儿子，都非常可爱。圣诞节来临前，父亲为了考验一下自己的两个儿子，就分别送给他们完全不同的礼物，在夜里悄悄地将礼物挂在圣诞树上。第二天早晨，哥哥和弟弟都早早起来，想看看圣诞老人送给自己的是什么礼物，哥哥的圣诞树上礼物很多，有一把气枪，一辆崭新的自行车，还有一个足球。哥哥将自己的礼物一件件地取下来，但是并不高兴，反而忧心忡忡。父亲很奇怪，就问他："难道是礼物不好吗？"哥哥拿着气枪说："看吧，这支气枪如果我拿出去玩，没准会把邻居的窗户打碎，那时肯定会招来一通责骂；这辆自行车，我骑出去倒是高兴，但说不定会撞在树干上，会把自己摔伤；而这个足球，我总会把它踢爆的。"父亲听了没有说话。

弟弟的圣诞树上除了一个纸包外，什么也没有。他把纸包打开一看，不禁哈哈大笑，一边笑还一边在房间里到处找。父亲问他："你为什么这么高兴？"弟弟说："我的圣诞礼物是一包马粪，这说明肯定有一匹小马驹在我们家里。"最后，他果然在屋后找到了一匹小马驹，父亲也跟着笑起来："这真是个快乐的圣诞节啊！"

中岛薰曾说："认识自己做不到，只是一种错觉，我们开始做某事前，往往总是考虑能否做到，接着就开始怀疑自己了。"怀疑自己，是一种不好的心态，其实，在很多时候，那只是一种错觉，今天随时都可以重新开始，同样的，人生也随时都可以重新开始，没有任何条件限制。只要常怀感恩之心，认真对待生命中的每一天，我们的梦想就一定可以实现。

曾经，发明家贝尔耗费了大半生的财力，建立了一个庞大的实验室。但是

不幸的是，一场大火将这座刚刚建好的实验室化为灰烬，造成了严重的损失，贝尔一生的研究心血几乎都付之一炬。当他的儿子在火场附近焦急地找到父亲时，他看到已经67岁的父亲居然一个人静静地坐在一个小斜坡上，看着熊熊大火烧尽一切。贝尔见儿子前来找他，突然扯开喉咙叫儿子快去找他的妈妈来："快把她找来，让她也看看这场难得一见的大火！"

大家都认为大火可能对贝尔造成了严重的打击，使他精神有些时常了。但是贝尔却说："大火烧尽了所有的错误。感谢上帝，我又可以重新开始了。"没多久，贝尔的新实验室就又建立起来了。直到今天，贝尔实验室已经成为科学家的摇篮。

智者说："倘若你无精打采地烤着面包，那么面包就是苦的；倘若你心情怨恨地酿着葡萄酒，那么怨恨的毒液就会滴进酒里。从今以后，我不做傻子，拒绝悲伤，我只愿意烹烤甜面包，酿造美味葡萄酒。"每次看到这样的话，心中总有一种说不出来的感动，那是心灵的重生，往日所有的悲伤和不幸都渐渐流逝了，最后，只剩下幸福与快乐。其实，只要我们放下心中的怨恨，怀着那份感激之情，去认真对待生命里的每一天，那么，对我们而言，每一天都将会是艳阳天。

懂得感恩的人，总是一遍又一遍地感激："感谢生活，你让我又一次体会到了蓝天的深邃，阳光的可爱。与你们比起来，那些悲伤又算得了什么呢？"正是这样感恩的心态，他们才会更加珍惜生活，珍惜生命中的每一天。人生短短几十年，怨恨是一天，快乐也是一天，何不选择快乐呢？记住：只要我们心中充满阳光，那么，每一天的太阳都是一样地崭新、明媚，我们的生命也将充满激情。一个人只要还能思考，懂得感恩，心怀梦想，那么每一天都可以重新开始自己的人生。

TUE 拥有时珍惜，失去后感恩

《安徒生童话》中有这样一个故事：

一天，这对老夫妇想把家中唯一的财物——一匹马，拉到市场上去换点有用的东西回来。于是，老头就牵着马去赶集了。

他先用这匹马换了一头母牛，后来他又用母牛去换了一只羊，再用那只羊换了一只肥鹅，没多久又把鹅换成了母鸡，最后用母鸡与别人换了一口袋烂苹果。

在每次交换中，他都认为自己能够给老伴一个惊喜。

当他扛着那袋子苹果来到路边的小酒店歇息时，遇到了两个外地人。在闲聊中他兴奋地谈起自己这次赶集的经过，两个外地人听后却哈哈大笑，说他真傻，用一匹马换了一袋烂苹果，回去准得挨老婆子一顿骂。老头子坚称绝对不会，外地人就用一袋金币和他打赌，于是他们就跟着老头子去了他家。

老太婆见老头子赶集回来了，非常高兴，她兴奋地听老头子讲赶集的经过。每听到老头子讲用一种东西换了另一种东西时，她都充满了对老头的赞赏，并愉快地说着："哦，这可好了，我们能有牛奶喝了！"

"嗯，羊奶也同样不错。"

"哦，这也好，鹅毛多漂亮！我喜欢有一只鹅！"

"啊，那我们以后就有鸡蛋吃了！"

最后听到老头子背回的是一袋就要腐烂的苹果时，她还是那么开心，并大声说："太好了，我们今晚就可以吃到苹果馅饼了！"

结果，两个外地人输掉了一袋金币。

故事中的老太婆是个心性豁达之人，虽然老头子用一匹马换了两袋烂苹果，但是老太婆不仅没有责怪他，反而为此而感到开心，因为她了解老头子的良苦用心，她知道老头子心里在想着她；并且她也是一个深谙生活真谛的人，活着就要感恩，两个人的快乐远远比金钱来得重要，也正是因为如此，因为她始终保持着豁达和乐观的心态，不仅让老两口得到了快乐，还意外地赚到了一袋金币，正所谓“塞翁失马焉知非福”，用感恩的心宽容地看待一切，你会发现，生活始终是美好的，而且有时候看似不美好的事情背后，其实隐藏着最大的幸福。

从前有个书生，和未婚妻约好在某年某月某日结婚。到那一天，未婚妻却嫁给了别人。书生受此打击，一病不起。家人用尽各种办法都无能为力，眼看奄奄一息。这时，路过一游方僧人，得知情况，决定点化一下他。僧人到他床前，从怀里摸出一面镜子叫书生看。书生看到茫茫大海，一名遇害的女子一丝不挂地躺在海滩上。

路过一人，看一眼，摇摇摇头，走了……

又路过一人，将衣服脱下，给女子盖上，走了……

再路过一人，过去，挖个坑，小心翼翼把尸体掩埋了……

疑惑间，画面切换。书生看到自己的未婚妻，洞房花烛，被她丈夫掀起盖头的瞬间……书生不明所以。

僧人解释道：那个海滩上的女子，就是你未婚妻的前世，你是第 2 个路过的人，曾给过他一件衣服。她今生和你相恋，只为还你一个情。但是她最终要报答一生一世的人，是最后那个把她掩埋的人，那人就是他现在的丈夫。书生大悟，唰地从床上坐起，病愈！

从这个故事中我们可以悟到这样一个道理：不要因为失去什么而感到惋惜、痛苦或者埋怨生活。每件事的发生都有它的缘由，感情也是如此，只要在一起的时候珍惜了，不在一起的时候依然感恩，感恩对方曾经和自己在一起的日子，并且豁然接受对方的离别，只有对每件事都心存感激，生活才能妙趣横生，幸福美满，而且我们还可能获得意想不到的收获。就像故事中的书生，始终执着于未婚妻另嫁他人，却从未想过感谢她曾经爱过自己。每个人都应该明白，任何感情都是相互的，包括故事中的女人离开书生，嫁给她现在的丈夫，不也是因为她丈夫才是前世将她的尸身掩埋的人吗？凡事有因才有果，不能强求，只要在我们拥有的时候去珍惜，在我们失去的时候依然感恩并且坦然接受，之后依旧乐观地面对生活，才不枉费父母赋予我们的生命之恩。

WED 给自己一片危崖

那些刚刚走出校门的学生，多数都怀有远大的理想。但在社会上打拼几年之后，特别是那些没有较大发展的人，他们渐渐感受到衣食住行等实际需要的重要性，在获得了一个稳定的饭碗时，往往就会在时间的消耗下失去进取的锐气，无奈地满足眼前的一切。

哲人说，自己是最大的敌人，人有时最难突破的，就是自身的局限性。很多时候，一个处于困境中的人往往比那些已经取得温饱的人更有作为。想迈开脚步大干一场，又不舍得抛开自己现有的温饱的保障，如此瞻前顾后，必定无所作为。

曾听一位教授讲过这样一个故事：

有一个小孩子，见一只蝙蝠掉在地上，挣扎了好大一会儿也没有飞起来，心里就开始纳闷儿了：奇怪呀，蝙蝠是非常灵巧的动物，怎么落到地上之后就飞不起来了呢？

带着这个疑惑，小孩子去找他父亲。父亲把他带到了一个山洞里面。只见山洞的洞顶和洞壁倒悬着无数的蝙蝠，就是没有一只栖落在地面上的。

见小孩子一副不解的样子，父亲就说：这是蝙蝠在给自己一片危崖。

蝙蝠为什么要给自己一片危崖呢？小孩子还是不解，它这样做岂不是让自己每时每刻都处在危险中了呢？

父亲笑着告诉他：蝙蝠一旦脱离了攀附的洞壁，就会直接摔掉在地上。为了避免坠落而亡，蝙蝠只有尽全力地扑打着翅膀，努力使自己向上、再向上，所以我们才看到了灵巧飞翔的蝙蝠……

可是，为什么蝙蝠掉到地上之后，就再也飞不起来了呢？

父亲接着解释道：蝙蝠一旦掉在了地上，就再也没有悬挂在洞壁时那种“生的危险，死的威胁”的感受了。没有这种生死攸关的感受，蝙蝠也就不可能再尽全力地去飞了，而正是因为没有尽全力地去飞，才使得它也永远飞不起来了！

给自己一片没有退路的悬崖，从某种意义上来说，正是给自己一个向生命高地发起冲锋的机会。当一个人面临后无退路的境地，才会集中精力奋勇向前，从生活中争到属于自己的位置。出路还没打探明白的时候，就先开始筹划退路，这势必会影响他们开拓新生活的冲劲，进三步退两步，很难有根本性的改变。

大陆私营企业领军人物，新希望集团总裁刘永好，曾是四川省机械厅干部学校讲师。在他还没有创业时，他也是一个生活不是很富裕的人，后来，他与几位兄弟相继辞去公职，卖掉自己的自行车、手表等一切值钱的东西，凑足1000元人民币，到川西农村创业，办起良种场。

万事开头难，刘氏兄弟的第一笔生意差点就让良种场夭折。当时，资阳县一个专业户向他们预订了10万只良种鸡。种种原因，对方后来只要了2万只，剩下的8万只鸡怎么办？打听到成都有市场后，他们连夜动手编竹筐，此后四兄弟每日凌晨4点就开始动身，先蹬3个小时自行车，赶到20公里以外的集市，再用土喇叭扯起嗓子叫卖。等几千只鸡卖完，拖着疲惫的身子蹬车回家时，早已是月朗星疏了。这样，十几天下来，四兄弟个个掉了十几斤肉，但所幸的是8万只鸡苗总算全脱手了。

回顾这段经历，刘永好说，为了创业我投下了一切赌注，如果干不下去，我的公职、财产将一无所有，所以再苦再难，也要往前走。无论再艰辛，压力再大的事儿，只要沉下心来去做了，这一关就总能挺过来。

在这个时代，墨守成规，缺乏勇气的人，迟早会被时代所抛弃。处处求稳，时时都给自己留有退路，这是一种看似安泰其实却充满潜在危机的生存方式。

这就是干大事的人的气魄，有退路的人可以随时回避艰险，所以很难保证他前进的决心有多大，而自己把一切撤退的后路都封死，就等于封死了自己瞻前顾后的可能性。美国的企业家协会信条有这样一句话：

我是不会选择去做一个普通人的，如果能够做到的话，我有权成为一位不寻常的人，我寻找机会，但我不寻找安稳。

不管在世界的哪一个角落，那些曾经赤手空拳而成功创业的人，血液里都有一种共同的“不安分因子”。切断退路，四处出击，这与中国人传统的“知足常乐”的行为准则不合，于是一些人对世事表现出一种不平的心态，他们既渴望成功，又害怕失败，偏爱坐而论道，缺乏果敢的行动。

新经济时代，胆量决定财富，四平八稳不是富人的脾气，机遇面前，敢拼才会赢。我国优秀的企业家，福海实业股份有限公司的董事长罗忠福，是做服装起家的。刚开始的时候，他并没有自己的设计师和加工厂，在1983年的一次展销会上，他直接拿出海外亲属给他孩子的几件童装参展，并且一签就是200多万元的订单。回去之后，那种兴奋和压力促使他马不停蹄地联系服装厂，很快就议定了童装的加工事宜。这一次，罗忠福在没有后路的冒险中获得了巨大的成功。

山穷水尽地背水一战，常常是富人的必修课程，尽管他们清楚这种决断之后的道路会十分艰险，但是没有这一步，人生就是一潭死水，淹没的是一个人的挑战性和创造性。

当然，大部分人同样明白机遇往往和风险相伴随的道理，只是在他们的理想之中，一直想寻找一个进可攻退可守的山头。事实上，抱着撤退的目的打仗的人，在气势上已先输了一阵，最终也难逃随波逐流，混一口粗茶淡饭的格局。

THU 把仇恨轻轻写在沙滩上

仇恨和爱是人类最极端也是最强烈的两种感情，若是驾驭不好很容易伤人伤己。尤其是对于那些怀有仇恨心理的人来说，不仅自己内心痛苦和备受折磨，也可能因为被仇恨冲昏了头脑，做出伤害别人的事。

那么到底应该怎样对待仇恨呢？一位智者曾经这样说："原谅曾经伤害过你的人，也要做一个不轻易被伤害的人。"是的，很多的时候，我们需要懂得善待别人，不要抓着对方的错误不放，要学会用自己的方式走出这不会有结果的伤害，不在人我是非中彼此摩擦。有些伤害称起来虽然不重，但稍有不慎，便会重重地压到心上。

有这样一个故事，或许你能从中领悟到忘记仇恨的真谛。

阿拉伯名作家阿里，有一次和吉伯、马沙两位朋友一起旅行。三人行经一处山谷，马沙失足滑落，幸而吉伯拼命拉他，才将他救起。马沙于是在附近大石头上刻下："某年某月某日，吉伯救了马沙一命。"三人继续走了几天，来到一处河边，吉伯和马沙为了一件小事吵起来，吉伯一气之下打了马沙一耳光。马沙跑到沙滩上写下："某年某月某日，吉伯打了马沙一耳光。"

当他们旅游回来后，阿里很好奇地问马沙：为什么要把吉伯救他的事刻在石头上，将吉伯打他的事写在沙滩上？马沙回答："我永远都感激吉伯救我，至于他打我的事，我会随着沙滩上字迹的消失而忘得一干二净。"

马沙的行为和宽广的胸怀深深地感动着每个读过这个故事的人。人生的路是漫长的，在我们的记忆中往往盛着太多的往事，这往事有喜、有忧、有欢、有悲，而面对仇恨，我们能做的最好就是忘记、原谅，宽容、淡忘。是的，记住别人对我们的恩惠，洗去我们对别人的怨恨，在人生的旅程中才能自由翱翔。我们拿花送给别人时，首先闻到花香的是我们自己；当我们抓起泥巴想抛向别人时，首先弄脏的也是我们自己的手。让我们将不值得记住的事情统统交给沙滩，让海水卷走那些不快。

雨果曾说："世界上最宽阔的是海洋，比海洋宽阔的是天空，比天空更宽阔的是人的胸怀。"就让我们忘记仇恨，宽容地对待那些曾经伤害过我们的人和那些我们曾经受到过的伤害。人与人之间，多一份宽容，多一份谅解，生活才会美好而幸福。

相传古代有位老禅师，一日晚在禅院里散步，突见墙角边有一张椅子，他一看便知有人违犯寺规越墙出去溜达了。老禅师没有声张，他走到墙边，移开椅子，就地而蹲。少不一会儿，果真有一小沙弥翻墙，黑暗中踩着老禅师的背脊跳进了院子。当他双脚着地时，才发觉刚才踏的不是椅子，而是自己的师傅。小沙弥顿时惊慌失措，张口结舌。但出乎小沙弥意料的是师傅并没有厉声责备他，只是以平静的语调说："夜深天凉，快去多穿一件衣服。"

老禅师宽容了他的弟子。他知道，自己的存在和行为已经给予了小和尚警醒，他没必要再用言语来责骂他，他相信宽容是一种无声的教育，这种教育会让小沙弥记得更深刻清晰。宽容是一种非凡的气度，能包容生活中的喜怒哀乐，可化解人世间的恩恩怨怨，是一种高贵的品质，是精神的成熟和心灵的丰盈。宽容是一种积极向上的心态，是一种比淡忘更加崇高的品格。它需要我们有博大的胸怀，去感悟，去体会，宽容可使你表现良好有素养，同时也能引发别人的响应，就像小沙弥无声中领会了老禅师的用意一样。

心理学家柏格森说：“脑子的作用不仅仅是帮助我们记忆，而且帮助我们淡忘。”也就是说，我们要时刻注意整理自己的大脑，把那些美好的东西留下，把仇恨和消极的情绪淡忘。淡忘那不该记忆的往事，淡忘那过去朋友对你的伤害，淡忘那恋人对你的背弃，淡忘那生活和工作中的不如意，当你一旦淡忘了它们，你的人生观、价值观才会减少偏差，你生命中真正的精彩才会显现出来。

人要学着大气一点，豁达一点，包容一点，给予总比被给予更有把握一些。心理学家也说，无论是快乐的往事，还是悲伤与憎恨，它们都会使你与现实生活脱节，以致严重地威胁你的心理健康和心智的发展。在现实生活中的人们，要淡忘不愉快的往事并非一天两天就可以做到的，只有真正从心里去宽容，去谅解，才能够化解心中的疙瘩，才能抚平内心的褶皱。

仇恨与烦恼相伴，心中若充满了仇恨那快乐和幸福就将离你远去，烦恼将永远地追随着你。为什么不把它们记在沙滩上，当潮起潮落，让海水卷走所有的不快，让新生活和快乐幸福伴随新一轮朝阳诞生，让我们每个人的心灵在阳光的照耀下温暖愉悦，从而轻松地走向快乐和成功！

FRI 不要被所谓的“幸福”折磨

“我能想到，最浪漫的事，就是和你一起慢慢变老”，当我们听着这首歌的时候，我们的心中会对爱情有无限美好的遐想。我们都希望有个和自己厮守终身的爱人，和心中爱人一起慢慢变老、一起细数着青丝变白发、一起从青春牵手走过林荫小路、一起漫步夕辉枫彤。我们希望爱情能天长地久、生死不渝，可是，生活中，很多年轻人因为对爱斤斤计较，苛责于爱人，最终让幸福与自己擦身而过。

美好的爱情是年轻人所渴望的，但很多人却经受着爱情的折磨，究其原因，都是因为年轻人对爱情过于苛责、斤斤计较，希望心中的爱人完美、希望爱人以自己为中心等，等到幸福逝去的时候，才叹惋自己的过错。

曾经有个人在即将死去的时候见到了上帝，他睁开了双眼，眼睛里透出安详的目光说："我在尘世的日子已经到了尽头，可是我还没有享受到爱情的美好，那到底什么是爱情？"

上帝思考了一会，笑着说："在你被死神带走之前。我允许你还可以活一天的时间，但你先去做一件事，你在麦田里头也不回地走一次，在途中要摘一株最大最好的麦穗，但只可以摘一次！"

一天以后，上帝问他："你摘到了吗？"

这个人摇摇头说："开始我觉得很容易，充满信心地出去，但是最后空手而归！"

上帝继续问道："什么原因？"

那个人叹了口起气说："很难得看见一株不错的，却不知道是不是最好的，因为只可以摘一株，只好放弃，再往前走看看有没有更好的。到发现已经走到尽头时，才发觉手上一株麦穗也没有。"

上帝告诉他："这就是爱情！"

这个人若有所悟，原来自己这一生与爱情无缘，是因为自己对爱人的条件过于苛刻，自己还浑然不觉。最后，他带着后悔离开了人世。

生活中的很多年轻人何尝又不是呢？总是高呼自己要寻找幸福，抱怨幸福与自己无缘，当爱情降临在自己身边的时候，却对爱人百般挑剔，最终与幸福无缘。

真正属于你的爱人，是和你心心相印的人，而不一定有着美丽的容貌和帅气的外表，也并不一定有着温柔体贴的性格，更并不是有用之不尽的钱财。爱情的世界里需要谅解，需要包容，若斤斤计较，幸福永远不会光顾你，你也只能饱受没有幸福的折磨。

“滚滚长江东逝水，浪花淘尽英雄；是非成败转头空，青山依旧在，几度夕阳红。”当年轻人朗读这首脍炙人口的词时，总是能想起与日月争辉，辉映千古的诸葛孔明，可能很多人无法理解，以他的聪明智慧，怎么会娶一个外貌丑陋的女人呢？可是他大智若愚，虽与丑女共度一生，却享受着一生的幸福。

三国时代，社会动荡，仁君、奸臣、勇将、谋士纷纷登台亮相，也有醉月飞花的美貌佳人。以诸葛亮的条件，必然是名门世家选择乘龙快婿的理想对象。谁也没有料到二十五岁的诸葛亮却找了个丑女结婚。黄硕身体壮硕，人如其名，黄头发，黑皮肤，皮肤上起一些鸡皮疙瘩，是河南名士黄承彦的女儿。诸葛亮对于大家闺秀与美貌佳人都不屑一顾，他需要的是一位才德俱备的贤内助，而不是出身名门望族的美貌女子。这门婚事是黄承彦保媒的，相传，这中间还有一段故事。

诸葛亮兴冲冲地昂首进入黄家时，不料堂屋两廊间突然窜出两条猛犬，直往客人身上扑来，里厢闻声而出的丫环连忙朝两只猛犬的头上拍了一下，霎时两头猛犬就停止了扑跃之势，再把它们的耳朵拧一下，两只凶猛的猎犬竟然乖乖地退到廊下蹲了下来，仔细一看，原来两只猛犬都是木头制的机械狗，诸葛亮不禁哑然失笑。

黄承彦盛情款待诸葛亮，诸葛亮盛赞两只木犬制作精巧，黄承彦哈哈大笑，说：“木犬是小女没事时闹着玩的，不想累你受惊了，真是抱歉得很啊！”诸葛亮游目回顾，见壁上一幅《曹大家宫苑授读图》，黄承彦立即解释：“这画是小女信笔涂鸦，不值行家一笑的。”跟着指着窗外如锦繁花说：“这些花花草草都是小女一手栽培、灌溉、剪枝、护理。”由木犬、图画、花草，诸葛亮已经把黄家闺女的模样与才干，在内心深处凭着想象已经绘出了一幅轮廓鲜明的画，他知道这就是他追求的目标。

诸葛亮把黄硕娶回家门，他的邻居们以貌取人，不明就里地讥讽：“莫学孔明择妇，止得阿承丑女。”他们哪里知道诸葛亮正是得其所哉，庆幸自己娶到了一位贤德的媳妇。她不但是一个粗细活都能料理得干净利落的妇人，每当春花盛开或秋月皎洁的当儿，也能出言不俗地与丈夫娓娓清谈。黄硕到诸葛亮家后，亲操杵臼，兼顾农桑，里里外外的粗活儿与琐事，都按部就班地处理得妥妥帖帖，诸葛亮自然是身受其惠。不止是诸葛亮本人受到了这个丑媳妇无微不至的照顾与侍候，就连他的朋友博陵崔州平，汝南孟公威，颍川石广元及徐元直等人，也时常在隆中诸葛亮的农场盘桓，受到这位丑嫂嫂亲切的照顾，人人都有宾至如归的感觉。久而久之，远远近近对诸葛亮丑媳妇的态度逐渐改变，从鄙视到漠视，由漠视而重视。

诸葛亮一生行事谨慎，稳扎稳打，从无失算，而他毅然决然地娶了个丑媳妇，不但使他一生无后顾之忧，更使他在事业发展上获得了一个强有力的支柱，夫妻二人荣辱相关，休戚与共，更重要的是他一生一世都沉湎在温柔的照顾中，夫妻情感的亲密，非局外人可知。

诸葛孔明这样的智者对幸福的理解，是年轻人选择爱人于追求幸福的一个范例，那么你还对你的爱人如此苛责吗？爱人的完美与否自在你的心中，即使爱人不够美丽、不够帅气，甚至满身的缺点，但只要你不斤斤计较，别苛责于你的爱人，那么你们自然就是幸福的！你也不会被所谓的“幸福”折磨着！

SAT 三毛的“爱情谎言”

我们常常苦苦思索，什么是爱情？其实，爱情就是“于千万人之中，遇见你要遇见的人。于千万年之中，时间无涯的荒野里，没有早一步，也没有迟一步，遇上了也只能轻轻地说一句：‘哦，你也在这里吗？’”正如张爱玲说的，因为懂得，所以慈悲。人生是花，而爱便是花的蜜。爱情就像一只蝴蝶，它喜欢飞到哪里，就把欢乐带到哪里。但爱情的世界需要理解，唯有理解，才能“死生契阔，与子成悦，执子之手，与子偕老”。

年轻人，若爱人对你说过一些爱的谎言，你千万不要计较，也不要揭穿，爱的谎言是美丽的，这些谎言都是因为爱，所以，你要感谢爱的谎言，学会对爱的谎言糊涂听。在爱情和婚姻的世界里，能装糊涂的人往往是幸福的。

年轻人，当你还在抱怨你的爱人又一次对你说谎了的时候，你不妨想想，如果他（她）不爱你了，他（她）还有说谎的必要吗？他说谎是因为在意你的感受，怕你误会，你应该庆幸，你是幸福的，你不要把这种爱的谎言当成爱的折磨，要是这样的话，你就完全会错爱人的意了，也辜负了那份爱。

或许，我们总是羡慕荷西和三毛之间的那份至死不渝的爱，感叹世间的爱情如此美妙，但我们不曾了解，这样一份爱也需要谎言。

一天，三毛突然很怀念在台湾的父母，于是，她收拾了行李直飞台湾，留下荷西一个人在沙漠，聪明的荷西用书信警告逃妻，并采取谎言“诱骗”三毛，其中，有几封书信的内容是这样的：

三毛：

我告诉你一个好消息，邻居卡洛那天在油漆屋子，我过去帮忙她，现在她自动要教我英文，我已经开始去学，我非常喜欢英文。卡洛有时候也留我吃饭，你知道，一个人吃饭是十分乏味的。卡洛是你走后搬来的英国女孩。你如果仍想在台湾住一阵，我原则上是同意的，我还可以忍耐几个月。昨天去打网球，天热起来了。

三毛：

你实在是误会我了，卡洛肯教我英文是完全善意的，我们不能恩将仇报；你说卡洛是坏女人，我觉得完全是没有根据的冤枉。她十分和善，菜也做得可口，不是坏女人。再说，你怎么知道我跟卡洛去打网球？我上次没有说啊！我在此很好，你慢慢回来吧！

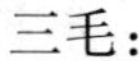

三毛：

你实在是个没有良心的小女人，你写给卡洛的信我没有拆就转给她了。她说你在信上将她骂得狗血淋头，她十二分地委屈。你说你的新家不要她来做窗帘，可是她是诚心诚意地在帮助我，一如她布置自己的家一般热心，你怎么可以如此小家气？男女之间当然有友谊存在。你说卡洛是邻家的女儿，每一张"花花公子"里的裸体照片的美女，都像邻家的女儿，所以我不可再见卡洛，你的推论十分荒谬。昨日去山顶餐厅吃晚饭，十分享受。

三毛：

我旅行回来，就看到你的电报，你突然决定飞回来，令我惊喜交织。为什么以前苦苦地哀求你，你都不理不睬，而现在又情愿跑回来了？无论如何我是太高兴了，几乎要狂叫起来……

其实，从荷西后来的书信中，我们可以得知，卡洛根本就是荷西杜撰的一个人物，他是为了让三毛早日回到自己身边才采取的方法，这样的谎言是美丽的，是让人觉得甜蜜的谎言。

年轻人，你也应该保持这份美丽，尊重这份美丽，不要拆穿爱人的谎言，装装糊涂，让爱人“自鸣得意”，他(她)只不过是想“骗取”你多一点的爱，“骗取”你的多一点关注，希望你能够重视他(她)，你要做的，就是“成全”，成全这个美丽的谎言。

小军是一名警察，他几乎所有的时间都是在外执行任务，家中年轻的妻子就被他这样冷落，而他的妻子也是个善解人意的女人，只是，她有一点受不了的是，小军好像把所有的精力都耗在了工作上，根本不分出一点时间来和她相处，慢慢地，她觉得自己根本不被重视，觉得他们之间似乎就是在维持一种夫妻的名分而已，早已名不副实了，于是，她想到了一个妙计，这样就可以看出丈夫到底还爱不爱自己。

那天，小军还在单位加班，她让邻居给小军打了个电话：“你媳妇不知道怎么了，突然发病了，像是很严重的样子，你还是去医院看看吧。”小军一听，丢下电话，就冲到医院了，看到躺在病床上的妻子，一脸心疼的样子，说："对不起，我没好好照顾你……"可是，他看妻子脸色很好，根本不像生病的样子，于是，他悄悄地去问了一下医生，原来，妻子只不过是来作身体检查的……可是，妻子还在装作很痛苦的样子，他一下子明白了，他对妻子说："结婚这几年冷落你了，以后，我一定多陪陪你，病了就要好好休息，我每天下班来看你……"

多么感人的表白，可是这样的表白却是因为妻子的欺骗和谎言而感悟出来的，小军在发现妻子装病以后，并没有生气，也没有揭发妻子，而是发现了自己的不足，发现了自己为人夫的失误。

情感的世界本来就不需要绝对的诚实，有时候，谎言反而是爱情的增味剂。假如爱情是一个游戏的话，那么这场有相爱的人组成的游戏就根本不需要遵守这场规则，而作为爱情游戏中的年轻人，你要做的就是，接受爱人的谎言，并支持爱人的谎言，顺着谎言的步骤走，你会发现，其实，爱情如此美妙，生活如此幸福，你的爱情世界根本不存在任何折磨和阴霾！

第 2 章

人生如此艰难，勇敢地铸造命运的形状

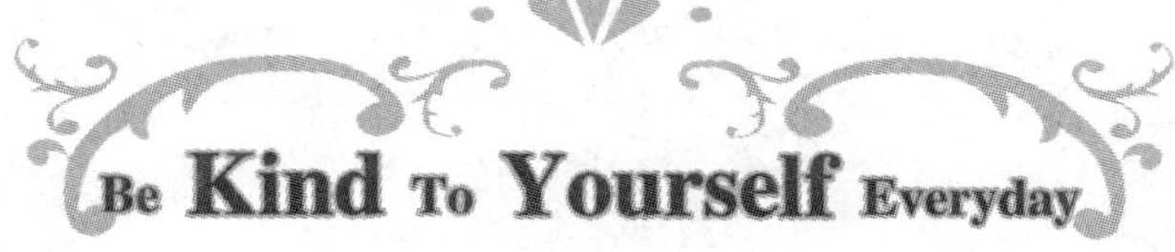

人生的美好，在于每天都可以与快乐相随。然而，人的一生中又会有许多无奈，有许多不公平，命运的甘露不仅不会像自己希望的那样及时垂青，还会不经意地把你撂在一个并不满意的土坑之中，似乎要让你把自己的精力白白地散发给荒凉的空气。聪明人晓得，这只是人生的一个片段，而不是最终的结果。

“假如时光可以倒流，世上将有一半的人成为伟人。”也就是说，人生道路取决于你的判断、选择、努力。感悟人生的真谛，由此塑造命运的形状，在追求幸福的路上，每个人都要懂得放开心灵，善待自己，这样，你会从容地领略生活中的甘甜。

MON 命运藏在思想里，躲在努力中

思路决定出路的口号已经被人高喊了许久，它的另一层含义就是：命运的轨迹是由想法铺筑的。

“滴自己的汗，吃自己的饭。自己的事，自己干。靠天靠地靠祖上，不算是好汉。”我国著名教育家陶行知编的这首《自立歌》对于现在的年轻人仍具有极强的激励作用。其在强调自立的同时，也在告诉我们一个道理：命运全掌握在自己的手里。

美国文明之父爱默生有句名言：“靠自己成功。”这句话影响了一代美国人，那些原来从英国统治下独立的殖民地国家的人民也在典型的美国个人英雄主义的影响下，迅速把这个国家建设成为当今世界上的超级强国。企业家吉姆·克拉克也给过年轻人忠告：不要凡事都依靠别人，在这个世上，最能让你依靠的人是你自己。在大多数情况下，能拯救你的人，也只能是你自己。

在一个人的一生中，会不可避免地遭受许多来自外部的打击，但这些打击究竟会对你产生怎样的影响，最终的决定权在你手中。

记得小时候，爷爷常常哄着我嬉戏。这一天，爷爷把我叫到身边，用纸给我做了一条神采奕奕、栩栩如生的长龙。美中不足的是，长龙腹腔的空隙很小，仅仅能容纳几只蝗虫，淘气的我找来几只，把它们投放进去，它们都在里面死了，无一幸免！爷爷说：“蝗虫性子太躁，除了挣扎，它们没想过用嘴巴去咬破长龙，也不知道一直向前可以从另一端爬出来。因而，尽管它有铁钳般的嘴和锯齿一般的大腿，也无济于事。”

说完，爷爷捉来几只同样大小的青虫，把它们从龙头放进去，然后关上龙头，奇迹出现了：仅仅几分钟，小青虫们就一一地从龙尾爬了出来。

同样的环境，不同的虫子，走出了不同的命运。原来，是生还是死，不在于别人的操控，全在自己的选择。哲人说，命运一直藏匿在我们的思想里。许多人走不出人生各个不同阶段或大或小的阴影，并非因为他们天生的个人条件比别人差多少，而是因为他们没有要将阴影纸龙咬破的想法，也没有耐心慢慢地找准一个方向，一步步地向前，直到眼前出现新的洞天。

在我们的周围，你经常会听到某人被夸赞十分聪明，聪明的人确实数不胜数，而最后能不落平庸的，却也总是不多。很多聪明人之所以不能成就一番大业，就是因为他在已经具备了不少可以帮助自己走向成功的条件时，还在期待能有一条成功的捷径展现在他的面前，还在奢望命运能够给他更多的恩赐。

而某些天生贫穷者，表面上看不出如何机灵的人，却在懂得生活的艰辛、人生的坎坷时，也懂得了命运为何物。消极者把命运交给神灵或上帝，而积极者则把它紧紧地握在自己的手中。

有一个穷孩子，住在郊区的一个垃圾场附近，生活一直很贫困。上三年级的时候，他在路上捡了一只易拉罐。这时，一个收破烂的人正巧路过，他做了有生以来的第一笔交易，这笔交易的纯利润是一角钱。

从此，他发现满地被人弃置的东西都是金钱。从三年级到高三，他卖了8745公斤废纸，4762个易拉罐，3143个酒瓶，981公斤塑料包装袋。无论同学们如何嘲讽和挖苦，他都认为真正傻的不是自己而是那些见到易拉罐不捡的人。10年间，他没向家里要过一分钱，也没有因捡破烂使学业受到丝毫的影响。相反，他因增加了阅历而使自己的成绩总是名列前茅。后来，他顺利地考入广州的一所经贸大学。

在大学里，他重操旧业，不过这一次他只做了3个星期，因为在捡一只易拉罐的时候，他被站在别墅阳台上的一位外商发现，外商请求他把门前草坪上的一只易拉罐捡走。他走近别墅，外商用赞许的语言鼓励他。这时，外商惊奇地发现，这位捡垃圾的小伙子竟能听懂他讲的英语。外商异常兴奋，因为他的夫人正需要一位懂英语的草坪保洁员。

第二天，他就走进了这位外商的家，帮助修剪草坪，喷洒药剂，他的周薪是50美元。后来经他们的介绍，他又成了另外3家的草坪保洁员。

大学4年间，他利用星期天挣了4万美元。临毕业时，他申请成立了广州第一家草坪保养公司。现在他的业务已从外商家庭的草坪延伸到住宅小区的草坪，经营范围也从单一的护理发展到兼营肥料、除草剂和除草机械。

前不久，他提出口号——“你游玩，我们干”，400名大、中、小学生在暑假期间云集在他的麾下，包揽了广州市70%的草坪养护工作。一些建筑商也纷纷登门，因为他们发现小区绿油油的草坪，可以使房屋的租金或售价提高2%至3%。

如今，那位曾经捡易拉罐的小男孩早已是广州的一位百万富翁。据说，现在他的办公桌上放着一只用纯金做成的易拉罐。

放在办公桌上的那个纯金的易拉罐不仅仅是为了显示主人的财富，它是一个人与自己的命运搏击，并最终改变命运的见证。

以往，也许你常听到在困境中坚韧不屈、奋发图强，以致最后获得突破和成功的事例。这些人身上有许多“不安分”的因子，他们层出不穷的想法、敢作敢为的精神，推动着他们不断战胜命运给自己摆放的一个个障碍，在改变现状时，也改变着未来。

每个人一出生就有一个背景，在人生的坐标轴上，时间与成就显示出繁复的曲线状。不管你出身如何，以前如何，你要懂得，过去不等于未来。过去你曾怎么想、怎么做、经历了怎样的遭遇都不重要，重要的是今后你怎么想、怎么做。人性是看上不看下、扶正不扶歪的，你跌倒了，自己灰心丧气，那么别人会因你的跌倒而更加看轻你。

思路决定出路的口号已经被人高喊了许久，它的另一层含义就是：命运的轨迹是由想法铺筑的。

TUE 人生太“理想”，往往失去它的真实

人生对每个人都是一场综合的考验，不会对谁网开一面。在现实生活中，想得完美、理想不是错误，前提是你必须做得踏实。

年轻人步入社会时，多胸怀雄心壮志，多是把理想放在第一位。人有目标是好事，它可以使我们在行进之中不至于茫然失措、三心二意。理想的意义是无限的，但人不能光靠理想过日子，人生太理想，太追求完美，往往失去它的真实性。

有一位朋友乔迁新居，相好的同事约好一同去祝贺一下，热闹一番。

走进朋友的家，就感觉主人是个讲究生活品质的人。虽不富裕，屋子却布置得简单而富有情趣。向阳台望去，很扎眼地悬挂着几盆花花草草，红绿相间，疏密有致，令人赏心悦目。

几个人在春日的艳阳下，散漫地坐着，随意地喝着茶，眺望远处的高楼，观赏近处的鲜花和草坪，谈论着轻松的话题，时空好像静止了，没有人愿意打破这份难得的温馨。

“我发现一个问题，这几盆花草有真有假，你们看出来了吗?”一位细心的女士说。

“我怎么没有看出来呢?”有人反问道。

“谁能不用手去摸，不靠近用鼻子闻，在五米以外准确地指出真假，我就送给谁一盆郁金香。”主人有些得意地说。

听到主人的话，大家都兴致勃勃地仔细观察起来。

眼前的几个盆栽，都长得很茂盛，看起来个个碧绿如玉，青翠欲滴。花儿，也开得有声有色，汪洋恣意。猛然看去，的确难辨真假。可是用心观察，你还是能发现其中的不同。我偶然发现有三盆花依稀能够找到枯萎的残叶，有的叶片上还有淡淡的焦黄，显示出新陈代谢和风雨侵袭的痕迹。可是另外两盆，绿得鲜艳，红得灿烂，没有一片多余的赘叶，没有一丝杂草，更没有一根枯藤。一切都是精心设计、精心制造的结果，它们显得完美无缺。看着它们，似乎这完美的东西远不如那些夹杂着残枝败叶的新绿更令人愉快。

人生原本就是极为真实、简单的，有些人对生活的幻想超出了生活本身，刻意装点的生活，就如那盆假花一样，虽然看起来很精致，但总会缺乏生气，缺少生命经历过的真实。

如果你有幸走进原始森林，你会发现，一株株笔直挺拔的参天大树，伟伟煌煌地一直蔓延到天地的尽头，间或有几株不知何时被风吹倒的树木歪在地上，有的渐渐风化了，长满了绿苔，松鼠和一些小动物们用它做窝，嬉戏其间，别有一番情趣。但如果没有这些倒掉的残木，没有参差不齐的灌木丛，只有整齐划一的栋梁之材，这原始森林就会逊色多了。

世界上万事万物又何尝不是如此呢？太完美、太理想就失去了它的真实性。没有荆棘丛生的杂木和小草，就没有长满参天大树的原始森林。没有艰难困苦，就不是完整的人生。一辈子没有受过挫折的人，是一个活得苍白乏味，活得最没意思的人。

理想，对于众多刚刚步入社会的年轻人来说，或多或少具有神圣的意味。但随着时间的流逝，他们渐渐地便开始挣扎于理想与现实之间，人生仿佛也被极端化了。不是虚无缥缈、毫无生气，就是极尽华丽、异彩纷呈。他们都忽略了一点，那就是生活的可塑性、真实性，还有就是现实性。把握人生的真实，懂得生活的现实，对生命才会有更深刻的体悟。

人生对每个人都是一场综合的考验，不会对谁网开一面。在现实生活中，想得完美、理想不是错误，前提是你必须做得踏实。毛泽东有诗云：恰同学少年，指点江山，激扬文字，粪土当年万户侯。这不单是伟人的抱负，当我们年轻时，谁不认为自己是个人物呢？

年轻人有激情、有干劲，甚至拥有无限的创造力和可塑性，然而，他们的幻想和浮躁也是普遍存在的，具体表现在事情刚做到一半，就觉得要大功告成，开始飘飘然起来，不知道现实为何物。许多人从刚刚跨出校门第一步时，理想化的欲望就开始逐渐膨胀，他们觉得仿佛有一个支点，真的就能把地球撬动似的。这种意气大约会维系到结婚生子，平淡的日子过上几年，有些人又会陷入另一个极端，在他们眼里，生活就是一连串的平庸和烦恼，似乎永无出头之日。

作为走向社会不久的年轻人，摆正自己的位置，认清现实的压力，让自己沉下心来进入现实的角色中。每天都让自己成熟一些，真实一些，人生才会拥有更多的幸福与快乐。

WED 人生总有得失，我们更应学会珍惜

人生中的得到与失去，像钟摆一样，永不停息。而人却总是在失去以后对往事有所眷恋，这是人的本性。

人很容易被欲望所控制，总在不断地追求，在乎更多的获得，忽视已成事实的失去。

然而,许多人却经常忽略这么一点:拥有的反面就是舍弃,得到的反面就是失去。

世界上所有的事情,都是相对的,都有得失两面性,今天看来是“得到”的事物,也许就埋藏着明日“失去”的因子;同样的,明日的“失去”,也可能蕴藏着日后的“获得”,而人生正是在这样一连串的“得中有失,失中有得”的过程中建构、获得。因此,我们不应该忽略失去与得到是一体两面,也不应该永远只关注其中的一方面,却忽视了另一方面,更重要的是,我们应该从事物的得失之间找到平衡点。那就是珍惜现在,珍惜拥有。

在一座很灵验的寺庙里住着一只蜘蛛,由于每天都呼吸着寺里的空气,日子久了,它也有了灵性。在它修炼了1000年的时候,有位游历的高僧路过此处,于是来到寺里,在临走时抬头看到了盘结在网上的蜘蛛,于是问它:“蜘蛛,你认为世界上最珍贵的是什么?”蜘蛛答道:“未得到和已失去。”高僧笑笑离去了。

过了不久春天到了,一阵微风把一颗露珠吹到了这个寺里,刚好落在蜘蛛网上,阳光下露珠晶莹剔透,特别好看,蜘蛛很开心,每天像珍宝一样爱护它。很快1000年又过了,高僧再次来到寺里,诵经完毕后再看到蜘蛛,这时的蜘蛛已经有1000年的道行了,高僧又问同样的问题,蜘蛛也同样回答。高僧笑笑又离去了。秋天来了,一阵风把露珠刮走了,蜘蛛伤心极了。可是也于事无补。高僧第三次来的时候,没有问蜘蛛问题,却问,蜘蛛你对你的答案改变吗?蜘蛛答道:不变。高僧说:“那好,我让你转世去人间,回来你再告诉我答案。”

于是蜘蛛转世为一家大户人家的小姐,名叫蛛蛛,几年过去,蛛蛛已经出落得十分美丽,16岁时,皇上为太子选亲,很多名门闺秀都去参加。期间蛛蛛偶遇武状元甘露,他文武双全,英俊潇洒,蛛蛛暗暗喜欢他,觉得甘露和她相识是冥冥中自有安排。但不久的诏书却让蛛蛛万万没有想到,皇上将蛛蛛许配给太子芝草,把公主清风许配给了甘露。

蛛蛛很伤心，于是觅死，她变回蜘蛛见到高僧，于是问高僧这到底是为什么？高僧告诉它：甘露就是当年那个晶莹剔透的露珠，但是露珠是由风带来的，自然也由风把他带走。而现在的太子芝草当年是长在圆音寺门口的一株小草，由于修炼多年转世去了人间。他爱慕了你3000年，可是你却从来没有低头去看过他一眼。蜘蛛听完高僧的话，将魂魄附体看到身边为她伤心准备自刎的芝草太子，刹那间痛苦万分，于是上前夺去太子手中的剑，俩人抱在了一起。

此时高僧出现，问蜘蛛，"蜘蛛，世界上最珍贵的是什么？"蜘蛛答道："不是未得到也不是已失去，而是珍惜现在的每一刻。"高僧听后满意地笑了。

人生中的得到与失去，像钟摆一样，永不停息。而人却总是在失去以后对往事有所眷恋，这是人的本性。拥有的时候不懂得珍惜，失去了才知道它的价值。

曾听友人说过这样一则故事，是说一个女孩与一个男孩之间的点点滴滴。

女孩对她的男友说："我是一条鱼，一条自由自在的鱼。"男孩听了笑笑，轻轻地响应她说："如果你是那条鱼，那我就是水！"

女孩问男孩说："为什么？"

男孩回答说："我就像在鱼旁边的水，任由她呼进、呼出，但是我仍然甘心为了你这么做，因为我知道你是一条独特的鱼，可是现在我却想离开你。"

女孩听了非常吃惊，问男孩是因为什么。

男孩接着说："因为水也是自由自在的，它可以以各种各样的面貌在世界旅行，而我现在却一直生活在一个玻璃缸中，陪伴着一条鱼，原本我觉得这是值得的，因为这条鱼吸引我，但是我是水，我不想被蒸发，我一直祈祷着有一天，能和鱼一起回到河流中，而不再只是受限地生活在玻璃缸中。但是你却喜欢在玻璃缸中任人欣赏，享受被人疼爱的那种感觉，所以水对于鱼来说，永远只是她的配角。因为总是在身边，你已经太习惯了，所以我的好，我的价值似乎不在了，也被你所忽略了……"

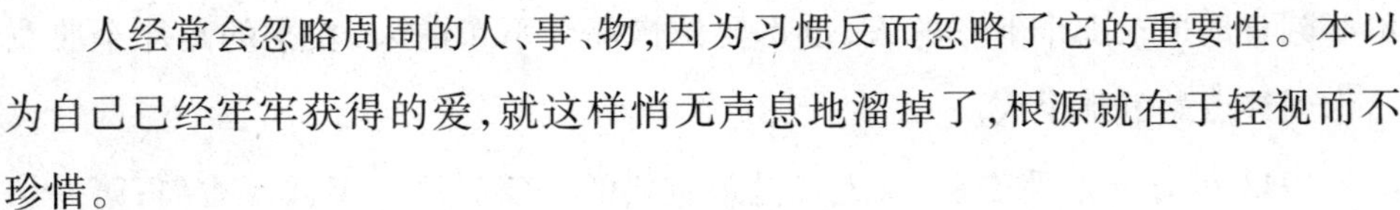

人经常会忽略周围的人、事、物，因为习惯反而忽略了它的重要性。本以为自己已经牢牢获得的爱，就这样悄无声息地溜掉了，根源就在于轻视而不珍惜。

幸福生活原来就是“简单”二字。在简单中平凡，在平凡中拥有，在拥有中珍惜。然后和相爱的人一起慢慢变老，一起穿越百年相依相守，健康长寿。

THU 绚丽的爱情之花，给人生幸福画上句号

见了他，她变得很低很低，低到尘埃里，但她心里是欢喜的，从尘埃里开出花来。

人生中不可缺少的东西太多，财富、健康、亲情、友情，当然，也不能缺少爱情。

崇尚真爱的人，认为人活着就是为了寻找爱情。每个人的人生都要找到四个人：第一个是自己，第二个是你最爱的人，第三个是最爱你的人，第四个是共度一生的人。首先会遇到你最爱的人，然后体会到爱的感觉；因为了解被爱的感觉，所以才能发现你最爱的人；当你经历过爱人与被爱，学会了爱，才会知道什么是你需要的。才会找到最适合你、能够相处一辈子的人。但很悲哀的是在现实生活中，这三个人通常不是一个人：你最爱的往往没有选择你；最爱你的，往往不是你最爱的；而最长久的，偏偏不是你最爱也不是最爱你的，只是在最适合的时间出现的那个人。你，会是别人生命中的第几个人呢？

爱情就像一辆巴士车，从起点开到终点，途中会有人上车，也会有人下车。

不要刻意地追求那个上车的人，也不要惋惜那个下车的人，在乎的是那个愿意陪你到终点站的那个人。

1943年对于张爱玲来说，无疑是最重要的一年。这一年，《沉香屑：第一炉香》、《沉香屑：第二炉香》、《茉莉香片》、《心经》、《倾城之恋》、《封锁》、《金锁记》等她一生中最重要的中短篇小说集中创作发表。这一年，年轻的她在上海红极一时，吸引了无数人的目光，也吸引了一个人，一个张爱玲生命中不可忽视的人，胡兰成。

1943年7月间，胡兰成偶然看到张爱玲的小说《封锁》，不由得击节称赞，托人结识张爱玲。应是命中的缘分吧，这第一次的见面，两个人就在一起长长地倾谈了5个小时，随后，张爱玲和胡兰成频繁交往起来。“因为懂得，所以慈悲”，这是两个人最初通信时张爱玲写给胡兰成的话，自此可以看出，张爱玲对于胡兰成是有知遇之感的。

爱，就这样在才女心中萌生了。有一天，张爱玲把自己的照片送给胡兰成，并在背后写道：“见了他，她变得很低很低，低到尘埃里，但她心里是欢喜的，从尘埃里开出花来。”对比张爱玲小说的爱情故事里所有感人的片段，都没有这短短几句话让人听得荡气回肠。心高气傲、冷眼观世相、心头清如水的才女，就这样满怀喜悦，在她欣赏的男人面前，害羞地低下了头。

这就是所谓的缘分吧。“于千万人之中遇见你所遇见的人，于千年之中时间无崖的荒野里，没有早一步，也没有晚一步，刚巧赶上了。”

往往许多人在选择伴侣时，容易东想西想，不知所措，就是因为害怕一时做错决定，看错人，造成终生的遗憾。

诺贝尔文学奖得主萧伯纳说：“此时此刻在地球上，约有两万个人适合当你的人生伴侣，就看你先遇到哪一个，如果在第二个理想伴侣出现之前，你已经跟前一个人发展出相知相惜、互相信赖的深层关系，那后者就会变成你的好朋友，但是若你跟前一个人没有培养出深层关系，感情就容易动摇、变心，直到你与这些理想伴侣候选人的其中一位拥有稳固的深情，才是幸福的开始，漂泊的

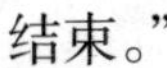

结束。”

爱上一个人不需要靠努力，只需要靠“际遇”，是上天的安排，但是“持续地爱一个人”就要靠“努力”，在爱情的经营中，顺畅运转的要素就是沟通、体谅、包容与自制。台湾作家张晓风在《一个女人的爱情观》一文中说，爱一个人，就是不断地想，晚餐该吃牛舌还是猪舌，该买大白菜还是小白菜？把爱落在碗里，实实在在，朴实无华，却感人至深，这是爱的另一种境界。

有许多人总是为“际遇”所迷惑与苦恼，意念不停、欲念不断、争逐不散，而忘了培养经营感情的能力才是幸福的关键。

所以不要去追问到底谁才是你的 Mr. Right，而是要问在眼前的伴侣关系中，你能努力到什么程度、成长到什么程度，若没有培养出经营幸福的能力，就算真的 Mr. Right 出现在你身边，幸福依然会错过的，而活在犹疑与遗憾当中，这不就是许多“爱情虚无症”患者的遭遇与心态吗？

若你此刻已有一位长久相伴的伴侣，不要再随便三心二意地犹疑了，我们往往不易察觉感情中的一个陷阱，就是近亲生慢侮，所以萧伯纳的话，是要提醒情人不要太钻牛角尖于寻觅那唯一，应该把精神用在学会经营幸福的能力上，同时也提醒我们“弱水三千只取一瓢饮”。

若有幸遇到了难得的伴侣，就不要再三心二意了，因为我们永远不知道一生何时会遇到两万个其中的几个，所以要知福惜福、活在当下。

FRI 人生难免平淡，快乐生活需要营造

生活固然是平淡的，但快乐可以营造。最幽默的人，是最能适应的人。

在“80后”一词由沸沸扬扬到渐渐远去的今天，很多人忽视了现在一代的年轻人，不管是“80后”还是“90后”，都是“电视人”的一代。在电视、电脑陪伴长大的背景下，他们眼中的生活变成了电影、电视剧中的扑朔迷离、跌宕起伏。但尽管电影、电视里极力渲染那些由枪伤、雪崩、生离死别、冤狱和绑架案等制造出的戏剧人生，然而，我们能有多大的缘分遇上这些事情呢？我们的生活无非是柴米油盐、生老病死，虽然是庸庸碌碌，但这就是生活，正常的生活。

也有一些刚刚步入社会的年轻人，在单亲家庭的背景下长大，谈及个性都很强，其中的少数人越来越自闭，麻木和冷漠是他们的防卫本能。生活的平淡犹如微尘，微尘不断地叠加，最终覆盖了我们。怎样才能穿越这“生命不能承受之轻”？宗教传扬一颗平常心，诗人的药方是“保持几分童真”，男人呼吁浪漫，女人渴望情趣。

生活固然是平淡的，但快乐是可以营造的。只要你有营造幽默的心情，我们就能从司空见惯的环境中发现有意思的事物，也给身边的朋友带来笑声。

在人类智慧的财富中，幽默被认为是无价之宝。它能让你的话语柔中带刚，即使是一种批评，也会让对方听得很舒服。生活中充满幽默，让你、让别人不时地笑逐颜开，你的人生会变得更加富有。

人生难免会有尴尬的时刻，在那一瞬间，我们的尊严被人有意或无意冒犯，或者被喜欢恶作剧者当众将了一军。此时，有的人感到自己丢了脸面，无地自

容，恨不得把头扎进裤裆里去。可是有些人却不，他们会以幽默从容处之。即使这种尴尬的境遇不是由自己造成的，有修养的人也会以自身特有的幽默来营造快乐的氛围。

杰出的英国戏剧家萧伯纳的名字几乎与幽默成为同义词了。一天，年迈的萧伯纳在街头被一个骑自行车的人撞倒，虽然不十分严重，但这一惊吓也非同小可。那个人立即扶起戏剧家，并向他道歉。然而，萧伯纳打断了他，对他说："不，先生，您比我更不幸。要是您再加点劲儿，那就可作为撞死萧伯纳的好汉而永远名垂史册啦！"

无独有偶，美国小说家马克·吐温的机智幽默，同他的小说一样，也享有盛名。

有一次，他去某小城，临行前别人告诉他，那里的蚊子特别厉害。到了那个小城，正当他在旅店登记房间时，一只蚊子正好在马克·吐温眼前盘旋。那个职员面露尴尬之色，忙驱赶蚊子。马克·吐温却满不在乎地对职员说："贵地的蚊子比传说中的不知聪明多少倍。它竟会预先看好我的房间号码，以便夜晚光顾，饱餐一顿。"大家听了不禁哈哈大笑。结果这一夜，马克·吐温睡得十分香甜。原来，旅馆全体职员一齐出动，想方设法不让这位博得众人喜爱的作家被"聪明的蚊子"叮咬。

弗洛伊德说："最幽默的人，是最能适应的人。"用幽默给人以台阶，用幽默缓和尴尬的氛围、排解生活的苦闷，学会对人生持有一份幽默，才会将生活过得更有味道。

生活中的幽默其实很简单，首先在于心态，遇事时要冷静、豁达。其次就是用语言表达你的幽默。比如恋人迟到了，你可以说：幸亏你来了，那只近视的鸟错把我当成一棵树，正打算在我肩上孵蛋呢！

你的话语，可以像优美的歌曲，婉转动听，也可以像刺人的利剑，伤人内心。

幽默机智的话能使人产生喜悦和满足之感，令人久久难忘。因此我们可以说，幽默的作用之一是在无法令人满意的情况下使人产生满足感，保证情绪的稳定，不致说出伤人的言语或做出过激的行动。

做一个生活中的有心人，用心的人，即使你的生活很平淡、很寂寥，只要你怀有幽默之心，也可以轻松地营造快乐的生活。

SAT 时常感恩，在人生的低潮积蓄能量

生活中总有磨难，也总有痛苦。有高潮来临，也会有失落出现。于磨难处翻身，于低潮时奋起，这不仅是一种乐观向上的人生态度，更是一种对人生深刻的体悟。

人生几时愉快，几时悲伤，几时欢笑，几时流泪，有谁能够说得清楚。如果每天清晨，你都能幸福地醒来，感受阳光的温暖，体会空气的清新，你就应该感激生命的赐予，感恩于活着的幸运。

感恩是蕴藏在人的内心深处的一种情感，时时怀着一颗感恩的心，不仅可以除去心中仇恨的种子，更可以让自己的生命变得更加温馨。

一次，汤姆在一家雅致的餐厅就餐时，发现旁边有三个黑人孩子，他们似乎在餐桌上写着什么。在就餐的时间、就餐的地方，这三个孩子却没做与吃饭有关的事。汤姆难以按捺心中的好奇，试探着走了过去。这几个孩子看汤姆这样一个肤色不同的外国人到来，他们没有一丝扭捏，而是落落大方地和汤姆谈了起来。这三个孩子中，一个约十二三岁戴眼镜的男孩是老大，八九岁的女孩是

老二，另外一个五六岁的男孩是老三。从谈话中汤姆了解到他们和母亲是暂时住在这家酒店里的，因为他们正在搬家，新房还未安顿好。

当汤姆问他们在做什么时，老大回答说正在写感谢信。他一副理所当然的神情使汤姆满脸疑惑。这三个小孩一大早起来写感谢信？汤姆愣了一阵后追问道："写给谁的?""给妈妈。"汤姆心中的疑团一个未解一个又生。"为什么?"汤姆又问道。"我们每天都写，这是我们每日必做的功课。"孩子回答道。哪有每天都写感谢信的？真是不可思议！

汤姆凑过去看了一眼他们每人手下的那沓纸。老大在纸上写了八九行字，妹妹写了五六行字，小弟弟只写了两三行。再细看其中的内容，却是诸如"路边的野花开得真漂亮"、"昨天吃的比萨饼很香"、"昨天妈妈给我讲了一个很有意思的故事"之类的简单语句。

汤姆的心头一震。原来他们写给妈妈的感谢信不是专门感谢妈妈给他们帮了多大的忙，而是记录下他们幼小心灵中感觉很幸福的一点一滴。他们还不知道什么叫大恩大德，只知道对于每一件美好的事物都应心存感激。他们感谢母亲辛勤的工作，感谢同伴热心的帮助，感谢兄弟姐妹之间的相互理解……他们对许多我们认为理所当然的事都怀有一颗"感恩的心"。

对于平凡的小事都懂得感恩的人，能把幸福的底线放得如此之低的人，他在生活中会感受到更多的快乐。

"感谢折磨你的人"，这是最近较为流行的一句话。生活中总有磨难，也总有痛苦。有高潮来临，也会有失落出现。即便生活误解了你，使你遭遇挫折与打击，你也要心怀感恩。于磨难处翻身，于低潮时奋起，这不仅是一种乐观向上的人生态度，更是一种对人生深刻的体悟。

在世界纪录中，销售汽车最多的人，是一位名叫乔依·吉拉德的汽车业务员，他在一生中卖出的汽车总数高达1425辆，这个数字让许多同行望尘莫及。但是，在乔依成为汽车销售高手之前，他过着负债累累的生活。

当时，经济不景气，乔依根本无法顺利找到糊口的工作，因此，家人们经常吃不饱。而每一次，当门铃声响起的时候，一定是债主在门外等着要钱。一天，一位穷凶极恶的债主又登门讨债，于是，乔依只得从家中的窗户爬出去，逃避债主。

乔依离开家以后，内心十分痛苦，但这一切并没有使乔依感到人生灰暗，反而刺激了他奋起的斗志。当他走在街道上，抬头看见一家汽车公司的招牌，他决定要去争取一份销售汽车的工作，乔依去应聘了。虽然汽车公司的经理一开始便回绝了他，但是乔依仍然不停地向经理说明他的工作能力，在经过了几个小时的努力之后，经理终于同意让乔依试一试，不过附带的条件是：乔依没有基本底薪与福利，而且他只能赚取销售汽车的佣金。

后来，当乔依好不容易邀约到一名客人来公司看车时，他的心中只有一个想法，要是这笔生意能够成交，他就可以帮助家人购买许多食物，并且，当他想到能够看见家人满足与幸福的神情时，他的心中就无比快乐。因此，无论如何，他一定要全力以赴！没过多久，怀抱着热切期望的乔依，终于成功地卖出了他的第一辆汽车，从此以后，他开始踏上了销售高手的旅程！

生命中最大的阻力与挫折，往往也能够成为人生最大的动力，对磨难常怀感恩，在人生的低谷时仍能积极进取的人，更容易实现人生的突破。不知你是否发现，名画家们最得意的画作，常常是在他们的生命低谷时期创作的；名作家流传千古的作品，也常常是在人生的低潮时期写下的。这其中，包括许多登上人生巅峰的成功人士，他们在人生低谷，在磨难重重时，没有对磨难抱怨，没有被磨难打到，而是常怀感恩之心，从人生的低谷逐渐向辉煌攀升。

生活给予你挫折的同时，也赐予了你坚强，你也就有了另一种阅历。对于热爱生活的人，它从来不吝啬。酸甜苦辣不是生活的追求，但一定是生活的全部。试着用一颗感恩的心来体会，你会发现不一样的人生。

人的一生，登高时，不可以张狂自满；走入低谷时，也不要气馁沮丧；因为，在人生的每一个阶段，都能够重新开始，所以，即便你在最痛苦难熬的时候，也应该牢记光明和美好始终存在，感恩活着的幸运，感谢众多给予你磨难、让你更加坚强的人。

SUN 要知道，父母不会在原地等我们

岁月不饶人，父母是不会在原地等我们的，我们在成长，父母却在慢慢地老去。

孔子曾说，父母在，不远游，游必有方。每个人都想留在父母的身边，留在老家，过着安逸的生活。但现实的境况是很多人不远游就难以生存。

在前几年，《常回家看看》这首歌，曾温暖了无数游子的心。“找点空闲，找点时间，领着孩子常回家看看。带上笑容，带上祝愿，陪同爱人常回家看看。妈妈准备了一些唠叨，爸爸张罗了一桌好菜，生活的烦恼向妈妈说说，工作的事情向爸爸谈谈。常回家看看，回家看看，哪怕帮妈妈洗洗筷子，刷刷碗，老人不图儿女为家做多大贡献，一辈子不容易，就图个平平安安。常回家看看，回家看看，哪怕帮爸爸捶捶后背，揉揉肩，老人不图儿女为家做多大贡献啊，一辈子总操心，就换个平平安安。”念着这些质朴的歌词，很多人都会不由自主地哼起它的旋律。回家，在众多的游子心中越扎越深，以致在现实生活的压力面前，变成另一种奢求。

其中有一部分人，因为生活所迫而很少能回家。他们值得同情，似乎更可以谅解。也有一部分人，在事业渐有起色后，忘记了亲情的温暖，淡忘了以前

家中的温馨，在忙碌中很少顾家，顾及自己的父母。俗话说，树欲静而风不止，子欲养而亲不待。真的等到那时再回家，你的生活就已失去了原本的颜色。

五年前，他经过刻苦学习，以优异的成绩从大学毕业，被分配到远离家乡一百多公里以外的城市。由于年幼时父亲早逝，每个月他都雷打不动地回家看望母亲。当时返乡的车票是由质地较厚的彩色胶纸印刷的，每次，母亲总会要他把车票送给她作为礼物。而他总是笑笑把车票递给母亲，不知其意。

后来，母亲每次都会翻翻他的衣袋，只留下那张车票。

几年后，他恋爱、结婚、生子，回家次数减少了。再后来，他担任单位的领导，更忙了，有时甚至半年才回一次家。尤其是他有了专车，没必要再坐长途汽车，不再有车票，母亲也渐渐地不再翻他的衣袋。

十年过去，他成为政府机关的重要领导，一天晚上老家的弟弟打来长途电话，说母亲突患脑出血，生命垂危。一百公里对他来说并不算长途，一个多小时后，他便见到了母亲。这时，他突然发现病榻上的母亲已是白发苍颜，十分衰老、憔悴。匆匆见了一面，天亮时母亲就去世了。

他带着兄弟姐妹们安葬了母亲。在整理母亲的遗物时，他从那只祖传的檀木箱子里翻出了一本泛黄的书。他翻开来惊讶地发现书内竟整齐夹着一叠车票——他当年每次返乡看望母亲时留下的车票。他的泪水又一次涌出，他后悔为什么母亲健在的时候不多回几次家，他回忆这些年的往事忽然意识到，这么多年来，母亲还从未到过他的四室二厅里住过一夜。回城时，他只携带了那叠花花绿绿的车票。

风筝被线牵绊，随线而飞，未必出于本意，而当我们羽翼丰满，仍情愿留守在父母身边，则并非是一种牵绊，而是那份牵挂父母的孝心让我们驻足。若我们真的无所牵挂地展翅远飞，总会留有遗憾，抑或是一种悲哀。

不管天下父母的学识、本事有多大的不同，在他们心中，子女都是永远的挂念，是无瑕的翡翠倒映着他们的希望，更是他们的精神支柱。倘若我们不足以支撑起他们的天空，只要我们能让他们的心得到宽慰，也足以表明你的孝心。

恩格斯的父亲病故后留下一大笔遗产，作为长子的恩格斯本应拥有继承权。可是在处理这笔遗产时，恩格斯的几个弟弟都毫无理由地要求他放弃应得的份额。

当时他的母亲正卧病在床，随时有可能离他而去，而他的弟弟们毫不退让，步步紧逼。如果继续纠缠下去可能要对簿公堂，而他完全胜券在握。面对这一份遗产纠纷，恩格斯首先想到的是身患重病的母亲，她无力再为此事操劳，也不能再经受打击了。为了不使母亲增加精神压力，他毅然决定向弟弟们让步，放弃自己应有的那份遗产。随后，遗产纠纷很快解决了。他常去医院探望母亲，并鼓励她接受治疗，年迈病重的母亲得到了精神上的安慰，在医生的精心治疗下又生活了十多年。

这一遗产事件平息后，恩格斯给母亲写了一封信，在信中他说道："亲爱的妈妈，为了您，我克制住了一切欲望……世上的任何东西都丝毫不能使我让您的晚年因家庭遗产纠纷而黯伤……我绝不让这样的问题再来烦扰您……我可能还会有成百上千的其他财富，但是我永远不会有另一个母亲。"

一颗赤子之心足以温暖父母，一时的洒脱能带给父母长久的慰藉，未必光宗耀祖才是大孝，未必攀爬到顶峰成为声名显赫的伟人才是真孝。做一个平凡的人一样可以让父母的心得到宽慰，倘若你能用心扫去父母的苦闷，排除他们的忧愁，更能让他们从心底发出笑声。

天底下最无私的人，就是自己的父母。亲情是生活中永恒的彩虹，不管生活因金钱、工作等产生何种变故，父母的关爱总是最靓丽的一抹风景。

情在交流中更加深厚，爱在感知中变得更浓。岁月不饶人，父母是不会在原地等我们的，我们在成长，父母却在慢慢老去。所以，对父母最大的孝敬，就是常回家看看，多给他们一些关爱。钱是挣不完的，工作也是做不尽的，但是我们和父母相聚的日子总是越来越少，幸福的生活，最基本的元素就是有一个完整、和谐的家庭，有亲切的关爱在彼此的心间流淌。

凡事看开一点，没人能够让你不开心

我们生存在一个生活步调极为快速的年代里，其中有太多的好与坏，总是随时迎面而来，仿佛每天当你一睁开双眼，太多的不可能就已经变为事实，而那些你无法忍受的既有事实，竟然也变得更加令人痛苦。渐渐地，当我们在享受越来越多的生活的便利时，忧郁的浪潮也随之而来并不停地冲击着我们。

生活中的快乐哪里去了呢？是因我们的忙碌，对它冷漠视之，使它销声匿迹，还是我们的心有太多的羁绊，无法释怀呢？所有的人都以快乐、幸福作为自己生活的目的，大家都在朝着这一目标前进。最幸福的似乎是那些并无特别原因而快乐的人，他们仅仅因快乐而快乐。布雷默说，真正的快乐是内在的，它只有在人类的心灵里才能发现。

MON 凡事看开一点，画一条幸福的底线

快乐和幸福与否，真的只在自己。把自己幸福和快乐的底线定得低一些，你所感受到的快乐就会多很多。

我们总以为对人生的慨叹，是老年人居多，他们在行将日暮之际，回味自己的人生，恐怕会有万般感言。而在现实中，我们却发现很多年轻人对生活、对人生的抱怨和感慨要比老年人多得多。

二十几岁的年轻人有更多的追求，遭遇更多的坎坷，在接近而立之年之时，才会逐渐懂得人生不可能只有甜美，肯定会有辛酸苦辣。只有凡事看开点，人生才会更美好！否则，自己将在怨气中度过一生。

有人曾问过一位活到120岁的老人，为何会这样长寿，他说："没有什么，只是要凡事看开点。"

两个水手因为船只失事而流落到一个荒岛。

甲水手一上岸就愁眉苦脸，担心荒岛上没有充饥之物，没有落脚之处。乙水手却一上岸就为自己将要开始一段新的生活而欢呼。

两个人在荒岛上找到一个洞口，乙水手为今晚可以睡一个好觉而庆幸，甲水手却担心洞里面是否有怪兽。乙水手安然入睡，甲水手辗转难眠，不知道明天怎么度过。

上帝可怜两个水手，竟然让他们在荒岛上意外地发现一袋粮食。乙水手高兴得手舞足蹈，而甲水手担心怎么把生米煮成熟饭，煮出来的饭是否咽得下。

每吃完一顿饭，乙水手总是很满足地说："又过了一天。"而甲水手总是叹气："唉，假如粮食吃完了该怎么办呢？"

粮食一天天减少，终于被他们吃完了。荒岛上还有些野果，他们把它采摘回来。乙水手说："运气真好，竟然还有水果吃。"甲水手却哭丧着脸说："从来没有这么倒霉过。上帝不要我活了，竟然要吃这样的野果。"

终于野果也吃完了，他们再也找不到其他可以吃的东西了，只好挨饿。为了保持力气，他们只好躺在洞里休息。乙水手说："想不到我竟然什么也不用做还可以睡觉。"甲水手却绝望地说："死亡离我们越来越近了。"

最后一刻，他们都坚持不住了。乙水手说："终于可以抛开一切烦恼，投奔天国了。"甲水手说："我还不想下地狱。"

乙水手死了，脸上挂着微笑。

甲水手死了，脸上充满悲伤。

死亡是每个人最终的结局，但路上的风景，却因选择的不同而差异万千。故事中乙水手不是不尊重生命，他充分享受到了人生最后过程的乐趣，虽然结果仍免不了死亡，但一切对他来说不是那么重要了，他死的时候都是快乐的，他没有留下什么遗憾。而甲水手与乙水手截然相反，明知道不可能的事情还是处处在乎，明知道得不到的东西仍然想得到，自己为难自己，自己勉强自己，时时刻刻处于忧虑、惶恐之中，最终仍不能摆脱死亡。但他最后的人生历程与乙比起来要差远了，没有得到任何的快乐，死的时候也无法瞑目。

生活中，面临如此绝境的人实在不多，但获得快乐的体悟、处理事情的方法是一样的。凡事都看开一点，这是一种感受快乐的哲学。既然已经发生了，我们就坦然地接受。俗话说，是福不是祸，是祸躲不过。当不可预料的打击降临的时候，当我们无法改变悲剧的时候，那么，我们就好好地欣赏悲剧吧。我们无法改变世界，但至少可以改变自己，把握自己。

人活于世，即使你再渴望平平安安、一帆风顺、事事称心，最终都无可避免地会遭遇种种意外。以至于我们有时会郁郁寡欢，有时会手舞足蹈，有时会暴跳如雷，有时会欢声笑语。人生的路坎坎坷坷，伴随我们的心情也是千变万化的。

但不管怎样，一切都会过去的！相对好事来讲，一切都会过去的，好事是暂时的，不要沉迷于好事带来的喜悦中。她告诫人们不要陶醉于成功的欢乐海洋里，她劝诫人生不能骄傲自满，她带给人们的是再接再厉的精神鼓舞。相对坏事来讲，一切都会过去的。不要停留在往事的阴影中，相信总会有海阔天空、风平浪静的一天，她告诉我们痛苦是一时的，不必总是郁郁寡欢。

著名作家史铁生曾经这样写道：

“生病的经验是一步步懂得满足。发烧了，才知道不发烧的日子多么清爽。咳嗽了，才知道不咳嗽的嗓子多么安详。刚坐上轮椅时我常想，不能直立行走岂不是把人的特点搞丢了？便觉天昏地暗。”

“等又生出褥疮，一连几天只能歪七扭八地躺着，才看见端坐的日子其实多么晴朗。后来又患尿毒症，昏昏然不能思想，就更加怀恋起往日时光。终于醒悟：其实，每时每刻我们都是幸运的，任何灾难前，都可能再加上一个‘更’字。”

……

吃尽了“疾病”的苦头，才感悟到健康就是最简单的快乐，正因如此，他才把自己幸福的底线定得如此之低。现实生活中，很多人依旧是我行我素地过活，等到某一天终于开始意识到什么是真正的幸福和快乐的时候，这才发现生命留给自己享受幸福的时间已经是少得不能再少了。

“熙熙攘攘为名利。”许多人一生都在茫茫的红尘中不停地奔走，结果深深地陷在名与利的泥潭里而不能自拔；“蓦然回首，那人却在灯火阑珊处。”等到悟出真正的幸福其实就在当初的出发原点的时候，却已为时已晚了。

钱钟书在《围城》里也有一段妙解：天下有两种人。譬如一串葡萄到手，一种人挑最好的吃，另一种人把最好的留在最后吃。前一种人永远快乐，他吃的总是剩下的葡萄中最好的；后一种人永远悲哀，他吃的总是剩下的葡萄中最坏的。

快乐和幸福与否，真的只在自己。把自己幸福和快乐的底线定得低一些，你所感受到的快乐就会多很多。“不以物喜，不以己悲”，能够看开生活中的悲伤、苦楚，甚至是不幸，快乐的感觉才会常伴左右。

TUE 快乐是心的选择，不要总盯着消极面

生命是一棵树。财富是绿叶，快乐是花朵。缺少财富的人生，是失色的人生；没有快乐的人生，更是残缺的人生。

快乐是一种心情，更是生活的一种境界。那些内心充满快乐的人是幸福的，他们永远不会被困扰束缚。快乐能创造出人生的精彩，我们驾驭着快乐，就能把我们的生活筑成美好的乐园。

心态的阳光始终照亮心底，生活中的许多事情就像你选择开哪扇窗户一样，有的窗子面对阳光和欢笑，而有的则不可避免地会面对着不幸与伤痛。在一天中，随着阳光的照射，你会像处于阴面或阳面中一样，这个世界有丑恶也有美丽，有快乐也有悲伤，你想看到什么，你的心情如何，取决于自己打开了哪扇窗。

约翰是一家饭店的经理。他有一个特点，就是遇到任何事都很乐观。当有人问他近况如何时，他总是回答：“我快乐无比。”如果哪位同事心情不好，他就会告诉对方怎么去看事物好的一面。他说：“每天早上，我一觉醒来就对自己

说，你今天有两种选择，你可以选择心情愉快，也可以选择心情不好，我选择心情愉快。每次有坏事情发生，我可以选择成为一个受害者，也可以选择从中学些东西，我选择后者。人生就是选择，你要学会选择如何去面对各种处境。归根结底，即自己选择如何面对人生。”

有一天，他被三个持枪的歹徒拦住了。歹徒朝他开了枪。幸运的是发现较早，约翰被送进了急诊室。经过18个小时的抢救和几个星期的精心治疗，约翰出院了，只是仍有小部分弹片留在了他体内。

六个月后，他的一位朋友见到了他。朋友问他近况如何，他说：“我快乐无比。想不想看看我的伤疤?”朋友看了伤疤，然后问当时他想了些什么。约翰答道：“当我躺在地上时，我对自己说有两个选择：一是死，一是活。我选择了活。医护人员都很好，他们告诉我，我会好的。但在他们把我推进急诊室后，我从他们的眼神中读到了‘他是个死人’。我知道我需要采取一些行动。”

“你采取了什么行动?”朋友问。

约翰说：“有个护士大声问我对什么东西过敏。我马上答‘有的’。这时，所有的医生、护士都停下来等我说下去。我深深吸了一口气，然后大声吼道：‘子弹!’在一片大笑声中，我又说道：‘请把我当活人来医，而不是死人。’”

约翰就这样活下来了。

当约翰身负重伤时，医生都觉得没有丝毫的希望，把他当成了一个死人来治。约翰最终侥幸存活，与其说是诊治医师的医术高明，不如说是他自己用幽默的方式表达了自己强烈求生的愿望，感染了别人。

大多数人似乎都没明白这样一个道理：我们生活得快乐与否，与我们自身的心情有关。当心情好时，我们自然就会感到快乐。也就是说，心情是可以选择的，我们何不选择好心情让自己多一点快乐呢?

你发现了吗？当你开心的时候，你会变得那么富有魅力，你的快乐气息感染着你周围的每一个人，别人因你而快乐，自己也能感受到快乐，感受到喜悦和希望。当怀着美好的愿望做事的时候，如果不出现意外，我们就没有理由不顺利，没有理由不成功。

快乐虽然是一个非常简单的话题，但真正理解它深意的人并不多，他们认为快乐就是单纯的高兴而已，其实快乐还是生命中美妙而又神奇的力量。

日本有一个国家级的奖项，那就是“终生成就奖”，这是日本任何一位名流显达或社会精英所翘首企盼的至高荣誉，但有一次，此奖破天荒地发给了一个从事着平凡工作的小人物——清水龟之助。清水龟之助只是一名普通得不能再普通的邮差而已，他从事着单调、简单而平凡的工作，但他获得了这个奖项，人们都认为这个奖项应该属于他。

这是出于什么原因呢？原因在于，他在整整25年的工作中，每一天都认真工作。而且他从来没有请过假，没有迟到过，没有早退过，没有脱岗过等做出任何有违公司规定的行为。而且，由他经手的邮件没有出现过任何差错，无论是雷电交加，还是天寒地冻，甚至是地震时，他都能及时而准确地把信件送到收件人的手中。这不能不令人惊叹，也不能不说是一个奇迹。

是什么力量使他这样严谨而敬业呢？当别人问起他在平凡的工作岗位上取得不平凡的业绩时，他说：是快乐，我在自己的工作中，感受到了无穷的快乐。他喜欢看到别人接到远方亲人信时的那种发自内心的快乐而欣喜的表情。这让他感到自己的工作有价值和意义。

清水龟之助把快乐推到了极致，人们从他那里受到了感染和启发，而不仅仅是得到这个“终生成就奖”。

生命是一棵树，财富是绿叶，快乐是花朵。缺少财富的人生，是失色的人生；没有快乐的人生，更是残缺的人生。快乐是属于自己的，别人夺不走的财富，找到了这无价之宝，人的一生就永远富有。

哲人说，天堂或是地狱，都将取决于自己的心境。忧伤的时候，天堂可以变

成地狱；快乐的时候，地狱也可以变成天堂。

快乐是一道门，在它关闭时，我们可以自得其乐地去做自己的事情，愉快地干完自己的一切，达到自己的成功；在它开放时，我们可以和身边的人一同分享。多一个人分享，就好像火中加一根干柴，情感在大家之间相互传递，暖意融融而又绵延不绝。

WED 痛苦是一碗茶，快乐是一壶水

如果我们把人生一时的苦痛看做一碗茶，如果你不时地向其中加入快乐之水，苦茶也会渐渐变淡。

我们在谈到人生的意义时，总憧憬着它是如何伟大，少有人会在“梦里”把自己摆在平凡或平庸的位置。而脱离幻想，很多人又总是感慨梦想是如此缥缈。他们品尝和体味到的，只有生活的磨难与重重的困难。

在哲人的眼中，痛苦、折磨等往往被诠释更高的意义，赋予更高的价值。在诸多普通人的眼里，它也许更适合扮演试金石的角色。

年轻人在生存的路上，难免遭遇坎坷和曲折。在这个世界上，没有痛苦，人就只能有卑微的幸福。而积极的态度是使你战胜痛苦、勇敢前进的动力，负“痛”前行，在痛苦中，磨炼意志，提升人生价值不假，但如果甘愿傻傻地承受种种痛苦，而没有摆脱或放下它的方法，这种悲哀和无奈将渐渐给你的人生画上小小的圆圈。

在一座寺庙里，有两个和尚，他们从小就干着挑水的工作，十几年如一日，随着庙里和尚的增多，他们肩上的担子越来越重，越来越让他们感觉痛苦。

然而，同干一个工作，一个和尚挑完水之后只是轻喘几口气，而另一个挑完水之后却总是痛苦无比。

满脸愁云和苦状的这个和尚暗想：瞧他那身板也没有我的健壮，况且挑水的桶也不比我的桶小，可为什么他挑一担水若无其事，而我挑一担水却累死累活？

又一次结伴去挑水。两个来回之后，那个和尚似乎什么事也没有，而这个和尚却是左肩膀又红又肿，于是他喊住那个似乎不知道疲累的和尚，说："让我瞧瞧你的肩膀。"

那个和尚脱下衣服让他看：两个肩膀什么事儿也没有，只不过有些微微泛红罢了。这个和尚心里开始嘀咕：奇怪，我和他挑同样的担子走同样远的路，为什么我的肩膀又肿又疼而他的肩膀却毫发无损呢？

在第三个来回的时候，这个和尚就要求两个人换一下水桶来挑。但挑着一担水上来之后，这个和尚的左肩膀是越肿越大了，而那个和尚还是一点事儿也没有。

这个和尚越发感到迷惑不解了，就吩咐那个和尚再挑水的时候走在前头，而自己亦步亦趋地在后面跟着，也好仔细地观察自己挑水和那个和尚到底有什么不同，但结果没有发现俩人挑水有什么不同的地方。

如此这般地折腾了几个来回，那个和尚也对这个和尚的"左肩膀红肿"感到奇怪了，就吩咐他走前头而自己走在后面仔细地观察着。很快，在挑着水走到半山腰的时候，那个和尚终于发现了其中的原委，就赶紧喊住他问："哎，你怎么不用两个肩膀轮换着挑水呢？"

"用两个肩膀轮换着挑水？"听了这话，这个和尚顿时愣住了。

"是呀。人有左右两个肩膀，你怎么只用自己的左肩膀挑水呢？"那个和尚边说边挑起自己的水桶，"你瞧，我现在用左肩膀挑水，如果左肩膀累了，就把水桶换到右肩膀上去。如此来回地轮换着，肩膀又怎么会红肿呢？"

这个和尚恍然大悟：是啊，人有两个肩头，怎么能把担子老放在一个肩头上呢？于是，他也试着边走边不停地换肩了，还是那么长的山道，还是那么重的一担水，但他的肩膀却不会疼痛难忍了。

故事中的两个和尚就是生活中的某些人的缩影，不懂得换肩，我们也就丢失了人生的一半力量，我们就会举轻若重，并让原本沉重的人生变得更加痛苦。

走进职场，我们经常听到领导称赞某个下属特别能吃苦，细想一下，其中包含以下两层含义：这个人品行优良、任劳任怨，是吃苦耐劳的模范员工；这个人做事情只会用蛮力，没有头脑，受苦是注定的事。

走出职场，在起起落落的生活中，烦恼与欢笑总是结伴而行；不幸和灾难总是与成功相随。没有痛苦，人的心灵永远都无法成熟。哲人在痛苦中孕育，诗人在痛苦中诞生，豪杰在痛苦中崛起。在这个纷繁的社会里，哪一个人不是在经历了痛苦之后，才看清生命的本来面目，才找到自身的价值。

当痛苦降临到我们身上时，我们要敢于承受痛苦，而不要一味地抱怨生活，因为那样反而有可能使我们在痛苦中迷失方向，沉沦堕落。学会承受痛苦，你会变得有价值。然而，学会释放痛苦、化解痛苦，你的人生才会走向精致和成熟。

就如苦涩的胆汁滴进水中，苦味会越来越淡，而不是越来越浓一样。当你跌进痛苦的深渊，你要学会用快乐的心灵之水，冲淡生活中苦涩的茶。

一身华丽打扮的中年妇人走进城郊的寺庙里，她因为最近总是失眠，无论面对多么鲜美的饭菜都没胃口，浑身乏力，懒得动，做什么事都没有激情，很想了却尘缘，遁入佛门……方丈是个懂得医术之人，他听那位妇人描述完后，便说：“不忙，待老衲先给施主把把脉如何？”妇人点头应允。把完脉，观完舌苔，方丈微微一笑：“施主只是心中有太多的苦恼事，体有虚火，并无大碍。”顿了一下，方丈又接着说：“只是施主心中藏着太多烦恼而已。”中年妇女一被点醒，心里暗叹神奇，便把心中所有事情逐一向方丈说明。方丈很随意地跟她聊着：“你家相公与施主感情如何?”妇人脸上有了笑容，说:“感情很好，耳鬓厮磨十几年从未红过脸。”方丈又问:“施主膝下有无子女?”妇人眼里闪出光彩，说:“有一个小女儿，很聪明，也很懂事。”方丈又问:“家里的布匹生意不好吗?”妇人赶忙摇头说:“很好，家里的生活算得上是镇上的富人家了……”

方丈铺开纸墨，边问边写，左边写着她的苦恼之事，右边写着她的快乐之事，然后把写满字的这张纸放到妇人面前，对妇人说:“这张纸就是治病的药方。你把苦恼之事看得太重了，忽视了身边的快乐。”说着，方丈让徒弟取来一盆水和一只猪苦胆，把胆汁滴入水盆中，浓绿色的胆汁在水中淡开，很快就不见了踪影。方丈说:“胆汁入水，味则变淡。人生何不如此? 施主，不是您承受了太多的苦痛，而是您不善用快乐之水冲淡苦味啊!”

如果我们把人生一时的苦痛看做一碗茶，你不时地向其中加入快乐之水，苦茶也会渐渐变淡。关键在于你是否能看到生活中乐观、积极的一面。

无时无刻，当我们在为种种苦恼之事而感到失落甚至落泪时，其实快乐就在身边朝我们微笑，当你把全部精力和阳光都放在这原本小小的痛苦上时，它就会变得如此巨大，就会占满你的心。

THU 乐观面对生活，快乐并不难以获得

当生活像一首歌那样轻快流畅时，笑颜常开乃易事；而在一切事都不妙时仍能微笑，是真正的乐观。

一天,上帝来到一座水塘边休息,正在他熟睡时,他听到一阵争论的声音。上帝睁开眼,一看原来是乐观者和悲观者又在那里拌嘴。

乐观者与悲观者争论的问题主要有三个。第一个问题是希望是什么?悲观者说:是地平线,就算看得到,也永远走不到。乐观者说:是启明星,能告诉人们曙光就在前方。第二个问题是风是什么?悲观者说:是浪的帮凶,能把你埋葬在大海深处。乐观者说:是帆的伙伴,能把你送到胜利的彼岸。第三个问题:生命是不是花?悲观者说:是又怎样,开败了也就没了。乐观者说:不,它能留下甘甜的果。

他们争执不下,彼此都坚信自己的答案是正确的,在越吵越凶之际,两人竟然动起手来。上帝看不下去了,大步流星地走到他们面前,分开二人,并问了以下三个问题。

第一个:一直向前走,会怎样?悲观者说:会碰到坑坑洼洼。乐观者说:会看到柳暗花明。第二个:春雨好不好?悲观者说:不好!野草会因此长得更疯!乐观者说:好!百花会因此开得更艳。第三个:如果给你一片荒山,你会怎样?悲观者说:修一座坟。乐观者说:不!种满绿树。

你一言我一语,两人针锋相对,仍没有和解的迹象。上帝见此情况,就默默地走开了。在临走之时,他给了乐观者勇气,给了悲观者眼泪。

这就是上帝对二人做出的判决。显然,生活中的多数人都会主动地选择乐观者的角色,谁都不愿让上帝把眼泪赐给自己。然而,即使你选择乐观,眼泪是否也会时常光顾呢?

在这个世界上,乐观者与悲观者往往对应着社会上的两种人,那就是成功者和失败者。不可否认,拥有豁达、乐观等积极心态的人,不仅更容易获得快乐、惬意的人生,而且在事业上,往往更能攀登高峰。哲人说:快乐的方式可以多种多样,快乐的种子却是众人皆同。每个快乐的人,都藏有一颗相同的快乐种子,那就是乐观的人生态度。

曾听说危地马拉的土著人是世界上最快乐的人,不仅仅是因为他们乐观,更因为他们懂得快乐的真谛和方法。

如果你去过危地马拉土著人的家中，一定会看到一种色彩亮丽的盒子，他们称之为“烦恼盒”。

在“烦恼盒”中，依次放置着六个乖巧的玩具娃娃，如果有谁被麻烦缠身了，就会从盒子中取出一个娃娃来，把自己心中的郁闷和烦恼向它倾诉一番，然后把娃娃放置一边，郁闷和烦恼也就随之抛到脑后了。

照此类推，如果这个人隔了一会儿又遇见了烦心事，那么另外一个玩具娃娃就会被选出来担当他的“听客”。每一个“听客”，在听过主人的倾诉之后，都会被留在盒外，由它替主人承受苦恼，思考对策，主人则一身轻松地继续做自己的事情。待到一天结束了，所有被选出来的玩具娃娃会被重新放到盒子里，以供第二天接着使用。

受危地马拉土著人这种“烦恼盒”的启发，有人总结出如下一条应对郁闷和烦恼的公式：

首先，找个人，把郁闷和烦恼说出来，无论这个人是朋友、家人还是自己；

其次，如果能够或者是需要及时予以解决的，那就立刻着手去办；

再次，如果暂时或者较长时期无法去解决，就把它们暂时搁置起来，将注意力和精力聚焦在其他必须要做的事情上。

这个公式可以简单地概括为：倾诉—行动或搁置—继续前进。

据说，这条公式还蛮有作用的，很多人照着“试用”了一下，效果出奇的好。怎么样，也像危地马拉人一样，给自己准备一个烦恼盒吧！

聪明的危地马拉土著人用一个小小的盒子，就摆脱了日常生活中不可逃避的烦恼，其实，每个人都有自己的烦心事，每个人在某些时候都会心情低落，甚至垂头丧气。危地马拉土著人拥有使他们快乐的烦恼盒，更为重要的是，他们懂得把自己的不快乐倾诉出来，而不是憋在心里，使它“发霉变质”，最后毒害自

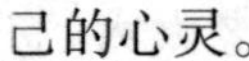

己的心灵。

面对生活中的烦心事，让自己能够豁达地去面对、去倾诉，以至于始终都能使得自己留住快乐，埋下烦恼，这无疑是世界上最聪明、最会善待自己的人。

当生活像一首歌那样轻快流畅时，笑颜常开乃易事；而在一切事都不妙时仍能微笑的人，是真正的乐观。乐观本身就是一种成功，就是一种幸福的资本。永远快乐是人生的完满结局及目标，在追求它的路上，乐观的态度永远是打开快乐之门的万能钥匙。

FRI 释放你的心，快乐不需要理由

有太多的人都极力想捕捉住快乐，但是却又不相信它唾手可得。如果你的心选择快乐，那快乐就会像候鸟定期飞向南方一样来到你的身边。

“你快乐吗？我很快乐。快乐其实也没有什么道理……”这首歌想必很多人都能哼上几句。《快乐颂》之所以会流传不绝，就在于歌词中很明白地说出了一个人的快乐不假外求，更不需要有任何理由。

如果有人问你，你是否期望一年中的每一天都事事顺利、开开心心呢？你肯定会不住地点头。虽然说人越是成熟，就越会感到忧郁。但当你真的能够把握自己的心境，获得快乐的感觉是易如反掌的事情。

有一位老太太生了两个女儿，大女儿嫁给了雨伞店的老板，小女儿嫁给了染坊的老板，正当所有人都十分羡慕老太太的好福气时，老太太却说自己整天都忧心忡忡。因为每当晴天时，她生怕大女儿的雨伞卖不出去；遇上雨天，她又

担心小女儿染好的布无法晾干。最后，有个聪明人告诉老太太说：“老太太，您真是好福气啊！您看下雨天一到，您大女儿那里顾客盈门，生意好得不得了；晴天一到，小女儿那里也是生意兴隆。这样说，不管天气如何，您每天都会听到女儿们的好消息啊！”老太太听完后，猛然惊觉自己过去真是糊涂了，怎么都没有想到这个道理呢？

事实上，事情往往都是如此，某些时候你觉得不幸的事情，完全是因为你的眼睛只注意到不好的一面，而忽略了事情美好的地方。如果你能够尝试着转换角度或者方向看待事物，那么很有可能，事情就会有另一种崭新的解读风貌出现。

快乐是可以选择的，只要你想获得就能得到，每一天都是如此。如同戴尔·卡内基所说：“快乐并不在乎你是谁或者你拥有一些什么，它只在乎你想的是什么。”

中国有一位年过百岁的长寿老人，每天都开开心心地过日子。有人问起他保持长寿和快乐的秘诀是什么，老人回答道：“其实没有什么秘诀！我们每一个人在每天早上都有两种选择，那就是我们今天要快乐还是不快乐，你猜猜我会选择什么？我每天都希望自己能够快乐地生活，而我也就真的会快乐起来了。”

有人说，快乐不在于物质的多少，不在于你富裕的程度，而是在于你的心态。快乐是由内而外的一种感觉，这种感觉很容易给人以愉悦、兴奋，甚至是幸福的体验。

因此，可以说，如果你的心选择快乐，那快乐就会像候鸟定期飞向南方一样来到你的身边。在生活中，你是否经常对生活中的人、事、物感到无趣？但是你怎么解决这些问题呢？人们经常抱怨生活没有意思，但是除了抱怨，他们却什么也没有做。要知道，抱怨别人、抱怨生活都无济于事，把握好自己的情绪，是善待自己的开始。

约翰是美国一位小有名气的学者，他经常四处讲学，结交朋友。这一天，他来拜访一位很久不见的老朋友，吃过午饭，他们在朋友家下面的一个小公园里散步。当他们坐在一个长凳上聊天时，一位清洁工扫着垃圾过来了，他把这个朋友脚下的一块香蕉皮扫掉了。朋友看了，很有礼貌地对那位清洁工说了声“谢谢”，但那位清洁工却冷口冷面，不发一言。

当那个清洁工走了以后，约翰说：“这家伙态度真差，是不是？”

朋友说：“他对每个人都这样。”

约翰问：“那你为什么还对他这么客气呢？”

朋友回答说：“为什么我要让他来影响我的行为、破坏我的心情呢？快乐的钥匙是掌握在自己手中的啊！”

其实，人生不如意之事十有八九。如果我们任由这些人和事来决定我们的情绪，我们就在不知不觉中把心中那把“快乐的钥匙”交给别人掌管了！作为一个寻求幸福的人，应该自己掌握快乐的钥匙，不仅不用奢求别人使自己快乐，而且能将快乐与幸福带给别人。

把快乐之门的钥匙放在自己的心里，不让别人的一言一行就轻易将它“窃走”，你心底快乐的感觉才会更加厚重。

在生活中，有太多的人极力想捕捉住快乐，但是却又不相信它唾手可得。这就好比我们忽视了自己脚边的鲜花，而拼命想去打造一个人造花园一样。其实我们只要停下追逐的脚步好好想一想，就会发现，我们体验到的快乐，不就是由身边许多小小的满足累积而成的吗？

快乐的习惯其实很容易养成，只要我们在日常生活里，能够随时发现人、事、物中令人愉快的地方，那么，即使你在生活中面临一连串的不幸，也可以随时转换心境，自我激励。

SAT 对生活充满热情，让精神归属快乐

热情是快乐的秘方，是成功的催化剂。如果你是一潭充满热情的活水，你就拥有了日新月异的动力，你就有了热情四射的活力。

生活需要热情，那种平淡无味、死气沉沉的生活给人一种衰亡的感觉。上班族中很多人都是两点一线，朝九晚五，重复着简单无聊的日子。等到有一天突然回头，你会发现自己已过而立之年，却依旧碌碌无为，只懂得生存，不知道何为快乐。

每一天清晨的霞光下，在一个个忙碌的身影中，有你，有我。一天如此，一年如此，一生都会如此。谁对生活更热情，更懂得品味和享受，无疑，他就更容易寻找到快乐的足迹。

杰克是美国一家麦当劳的员工，每天的工作就是不停地做很多相同的汉堡，没有什么新意，但是他仍然非常快乐，从来都是用满怀善意的微笑热情地迎接他的顾客，几年来一直如此。他的这种真挚的快乐，感染了很多人。有人不禁问他，为什么对这样一种毫无变化的工作感到快乐？究竟是什么让他充满热情？

杰克回答，我每做出一个汉堡，就知道一定会有人因为它的美味而感到快乐，那我也就感到了我的作品带来的成功，这是多么美好的事情。我每天都会感谢上天给我一份这么好的工作。

由于杰克的快乐心情，这家店的生意越来越好，名气也越来越大，最后终于传到了麦当劳公司总管的耳朵里，于是，杰克得到了总公司的一个重要职位。

与杰克想法相反的是他的表弟奎尔，他是一家汽车修理厂的修理工，从进厂的第一天起，他就开始生气：修理这活儿太脏了，瞧瞧我身上弄的，而且没有高额的薪水。每天他都是在不满的情绪中度过，认为自己在像奴隶一样卖苦力。他每时每刻都窥视着师傅的眼神与行动，稍有空隙，他便伺机偷懒，应付手中的工作，并且总是期待下班的时间。

转眼几年过去了，一同进厂的几个工友，各自凭借精湛的手艺，或另谋高就，或被公司送进大学进修，唯有他，仍旧做着讨厌的修理工作，仍旧沉浸在无法升迁的痛苦之中，碌碌无为地应付每一天。原来，缺乏热情、失去快乐的最大受害者，就是自己。

对于一个普通人来说，即便你坚信自己才华横溢，但如果你缺乏热情，你也只能停留在表面功夫的作业上，做一天和尚撞一天钟，既享受不到工作所带来的乐趣，也不会有任何升迁的机会光顾你。

生活中需要热情，快乐更是由热情点燃的。当你对生活全身心投入的时候，那份专注的热情会持久地温暖你的心，使你拥有燃烧着的快乐和付出后的满足。

在很多人的眼中，石头就是石头：它不说话、不唱歌、不生气、不兴奋、不做梦、不旅行、不期待未来、不挂念往事、不恋爱。它什么事也不做，只固执地想当个真正的石头。最后的结论是：石头真无聊。

但在台湾著名艺人杨林的眼里，石头却是这样的：石头说自己的话，唱自己的歌；它生气时只有自己知道，兴奋时非常低调，做梦时不让你知道。正是这种对待生活热情的态度，造就了一个不同于传统观念的艺人。

杨林宣布挥别演艺转行画画的时候，曾引起了一阵哗然，很多人都对她的“挥别”与“转行”感到不可思议。不过，杨林却平静地向大家说道：“我只是选择一个让自己灵魂快乐起来、简单自在的工作罢了。”她坚信，对生活、对画画保有热情，所得到的快乐远比名誉和金钱要多得多。

但她的经纪人不死心，多次上门来说服她："你看啊，随便拍个广告，15 分钟就可以赚 10 万元，你干吗不拍啊？"杨林总是坚决地一口回绝，依旧执著地以画画为生，她曾以"撒旦"来形容这种赚钱的快乐与奇妙。

在某次画展结束的时候，杨林微笑着对人说道：一张画，少则要画一个月，多则要画两三个月，最后顶多也就卖几万元，相比起拍广告来是有些少；可是呢，如果接拍广告的话，不但要很早从床上爬起来梳头、化妆，打扮美丽，还要一个劲儿地对着大家露出牙齿来强装着微笑，虽然转眼就有 10 万元，可以肆无忌惮地去买名牌、吃美食，然后骗自己说这样活着其实还不错……但实际上，精神上的空虚，又有谁能够看得到呢？

后来，杨林把自己的轿车卖掉了，而且还表示说，如果未来求学的经费不够了，就连房子也会卖掉的。她说："我很快乐，快乐就是做自己想做的事情。"

只有金钱才能缔造快乐，这在很多人的观念里已经根深蒂固。对于那些重视物欲享受的人来说，杨林是个不折不扣的傻子，然而这却是一个真真正正会享受快乐的"傻子"，是一个让自己的精神归属快乐的人。她深深地懂得：在短若朝露的人生岁月里，只有把真实的自我释放出来，才不会白白地辜负自己。

热情是快乐的秘方，是成功的催化剂。黑格尔有句名言："我们可以肯定地说，世界上的伟大事物都是靠热情来成就的。"一个精神萎靡不振的人绝对不会成为成功的人；一个怨天尤人的人也绝对不会获得快乐的体验。

"问渠哪得清如许？为有源头活水来。"如果你是一潭死水，就只能等着变臭、腐烂、干涸；如果你是一潭充满热情的活水，你就拥有了日新月异的动力，你就有了热情四射的活力，那时，你对快乐的理解和体验将获得前所未有的升华。

SUN 命运给予你哭的境遇，也给了你笑的权力

事已如此，生气又有何益？把快乐坚持到底才是人生最大的成功。

每个人一早上睁开眼都希望自己能有一个好的心情，但要想做到“天天好心情”还真不是件容易的事。生活中会有很多突如其来的意外砸在眼前，令我们恐慌且不知所措，虽然大的意外并不多，但小麻烦却接二连三。当这些麻烦、障碍物被命运无情地抛到你的脚下时，你可以悲哀、失望，甚至哭泣。当然你更可以选择微笑着接受和面对。

大文学家苏东坡在《定风波·沙湖道中遇雨》中这样说：“莫听穿林打叶声，何妨吟啸且徐行。竹杖芒鞋轻胜马，谁怕？一蓑烟雨任平生。料峭春风吹酒醒，微冷，山头斜照却相迎。回首向来萧瑟处，归去，也无风雨也无晴。”这是他在去一个名叫沙湖的地方的路途中突然遇到大雨时，“雨具先去，同行皆狼狈，余独不觉。已而遂晴，故作此词”。

在被贬边城、人生遭遇不幸的时候，苏东坡依然旷达、乐观，不让外界的环境变化来扰乱自己的心境，改变自己向来乐观的人生信念。正如“莫听穿林打叶生，何妨吟啸且徐行”所描写的那样，当乱雨打叶、风波骤起的时候，何不把它当做一个生活中的小风景，在雨中慢慢走，慢慢吟诗，心情自然就不错。当一切风平浪静的时候，再回首看看那时的过程，却带有一点享受般的惬意。对于像苏东坡这样处乱不惊、心如止水，不受外界干扰的人来说，其实人生本来就是

“也无风雨也无晴”的。即便时光已逝去千年，我们仿佛还能看到苏东坡在雨中吟啸徐行的样子，看到一个天真烂漫、充满生命激情的人，在向我们展示着，生命原来可以这样洒脱。

不管是什么样的天气，什么样的境遇，只要心中洒脱，看得开，保持一颗乐观豁达的心，对你来说永远都会是风和日丽、天高云淡的好天气。

哲人说，把快乐坚持到底才是人生最大的成功。不轻易让悲伤抬头，不让糟糕的情绪长时间占据我们的心灵，是幸福人生的必修课。

人活于世，随着对生活认识的加深，社会化程度的加重，难免会有意无意地去在意别人对自己的看法。或许是因为同事开的一个过分的玩笑，或许是早上上班因错过公车而迟到几分钟……不管怎样，总之，你今天看上去很不开心，对谁都是爱答不理，到哪都带着一副冷漠的面孔，总觉得天空阴沉沉的，如同自己的心情。

为何要太在意别人给予的评价呢？对这些小事斤斤计较，只会影响自己的心情，其他毫无裨益。常言道：人生在世，不如意之事十之八九。事已如此，生气又有何益？外界已经给自己带来太多不顺，太多的障碍，逃避是不可能的，坦然面对，“不为打翻了的牛奶而生气”，你才会感受到更多的快乐。

唐朝著名禅师慧宗好种兰花。一次出外讲经弘法，吩咐弟子看护好种在寺里的数十盆兰花。弟子们深知师父酷爱兰花，侍弄得特别小心。但不幸的是，一天深夜，突然狂风大作，下起暴雨，拔树掀瓦，兰花被砸死了很多。几天后，禅师回家，弟子们忐忑不安。得知原委后，禅师说：“事已如此，生气又有何益？当初，我不是为了生气而种兰花的。”弟子们如醍醐灌顶，大彻大悟。

“事已如此，生气又有何益？我不是为了生气而种兰花的。”看似平淡的话，暗示了多少佛门禅机，蕴蓄了多少人生智慧！

不让过去了的事情影响自己现在的状态，能够做到这点的人，除了具有阳光般的心态之外，同时还懂得控制自己的情绪。

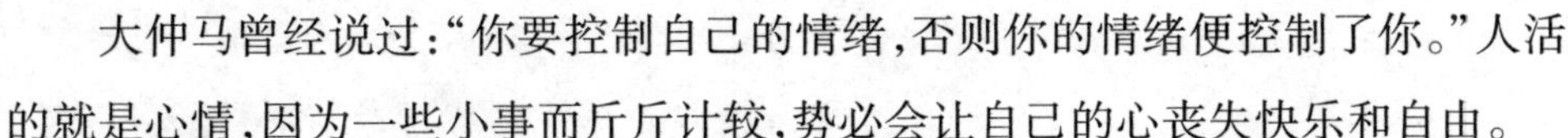

大仲马曾经说过：“你要控制自己的情绪，否则你的情绪便控制了你。”人活的就是心情，因为一些小事而斤斤计较，势必会让自己的心丧失快乐和自由。

米切尔·霍德斯做了一个极为有趣的实验，他将同一张卡通漫画展示给两组测试者看，其中一组的人员被要求用牙齿咬着一支钢笔，这个姿势就仿佛在微笑一样；另一组人员则必须将笔用嘴唇衔着，显然，这种姿势使他们难以露出笑容。结果，米切尔·霍德斯发现，前一组被试者比后一组认为漫画更可笑。

这个实验表明，我们心情的不同往往不是由事物本身引起的，而是取决于我们看待事物的不同方式。情绪的好坏，完全取决于你的心态。我们在生活中，必须维持着一份好心情——随时幽默、开怀、乐观的好心情，才不会被外界的消极影响所干扰。

命运原本是一个瞎子，横冲直撞地朝你而来，时而给予你欢笑，时而更会给你带来悲伤和痛苦。自己的心亮着的人，能够把握命运行走的方向，懂得微笑是自己的权利。也只有如此，他们的人生才显得异常绚烂，且充满欢声笑语。

第 4 章

即使偏离目标，也不意味着就此失败

许多人在儿时就开始憧憬自己未来的人生，设想着每一个无比灿烂、光彩夺目的剪影。我们敬佩那些坚持最初的理想并有所成就的人，但事实上，诸多的成功者和伟人，他们的人生都是在多次遭挫，多次选择，多次改变路线后，在某个恰当的拐角，才展现成功的身影的。

人生原本平淡，原本要经受或多或少的失败。生命中的每个失败，每个伤痛，每个打击，都有其意义。逆水行舟，不进则退，维持现状不是一件容易的事情，只要再努力向前一步，不管有多少岔路口，只要不迷失自己，你就不会落在别人的身后，就依然拥有自己的方向。

MON 上帝的延迟，并不等于上帝的拒绝

如果你没有得到所谓的幸运，不要埋怨生活的不幸，请记住，上帝的延迟，并不等于上帝的拒绝，反而，他是在等待你更加成熟。

在成功的路上慨叹命运不济，抱怨上帝不公，是很多人看到别人在努力后大有所成，自己却一再跌倒后的一种心态。且不说它的利弊，事实真是你不走运吗？

有两个从小一起长大的亲兄弟，他们决定一起去挖金矿，开始时，他们都抱有坚定的信念——不挖出金子决不放弃。从黎明到黄昏，又从黄昏到黎明，多少个日日夜夜后，他们依然没有见到金子的光亮。手磨出了血，脚磨出了泡，抱怨和苦闷时常充斥在他们的对话中。所不同的是，哥哥在抱怨几句，舒缓了情绪后，能够让自己更冷静地思考，随后继续挖着梦想中的金子。而弟弟的士气则越来越低落，脚下的坑显得很难再往深挖掘一尺。

这天，一个商队经过，说是山那头有人挖出了石油。这时弟弟再也按捺不住了，说这里哪有什么金子啊，不干了，到山那头采石油去！而哥哥却什么也没说，继续埋头干他的活儿。

几天之后，可怜的弟弟灰头土脸地回来了，他并没有发现石油，他的放弃使他又一次两手空空。当他到达驻地时，已经是深夜两点，在帐篷微弱的灯光下，似乎有一种异样的、刺眼的光芒在闪烁。他走进里面，哥哥正捧着金子甜甜地酣睡。

很多人都明白，生活就是一场淘金赛，有时需要一点运气，但更多的还是要靠自己的选择。执著坚持、努力思考、勤奋进取，这些被诠释了无数遍的成功因素在最为朴实的生活追求中，仍没有几个人能够完全具备。

关于成功与失败的类似的故事似乎并不少见，每次读完，我们也总能清晰地悟出其中的道理，可到了自己成为故事的主角时，又是那么的沉不住气，那么的心急成功的到来。但最终每每都落个失败、失望的下场，像故事中的弟弟一样慨叹和抱怨。为什么我们如此渴望而偏偏不曾拥有？用中国的古话来说是时机未到，也许西方的这句谚语可以给予更多的警示：上帝的延迟，并不等于上帝的拒绝。

面对同样的一件事情，不能坚守，不会选择，不懂思考便不会有所成就。很多人在本该放手一搏的时候，却犹豫彷徨。不愿意再试一下，不想再付出看似多余的努力，而去贸然地选择一条看似明智的路，最终的结果只是在一再地变换自己的目的地，就连上帝也被你弄得晕头转向，不知道该把金子放在哪里。

在一个古老的小镇上，一位老爷爷开了一个家具店。爷爷曾经是木匠，因此，店里的家具基本上都是他自己打的。当时，镇上有几家家具店，但没有一家生意比爷爷做得好。其实，每个家具店的品种和款式都差不多。孙子禁不住问爷爷："为什么集镇的人都买我们店的家具，都说我们店的家具好呢？"爷爷神秘地笑了笑，说："明天就带你找答案。"

第二天一大早，天刚蒙蒙亮，爷爷就把孙子从床上叫起来。他早就套好了牛车，带好了钢锯。孙子知道，爷爷要带他去山里伐木材。走了十多公里的路，他们终于来到大山脚下。要说是山，其实并不高。

爷爷把牛车拴在了山脚下，拉着孙子的手一直往山顶攀。孙子好奇地问爷爷："山脚下那么多树可伐，为什么要费这么大力气爬到山顶上去？"爷爷笑了笑，用手指了指旁边几棵树说："你抱抱，看它们究竟有多粗。"那年孙子才七八岁，根本不明白爷爷的用意。但还是伸出双手，一连抱了好几棵。他发现，这几棵树中，即使是最粗的一棵，他双手环抱都有富余。攀上山顶，爷爷又指了指旁边几棵树让孙子抱，这里的每棵树用双手都抱不过来。这时他才明白，山顶的树比山脚的树要粗壮。

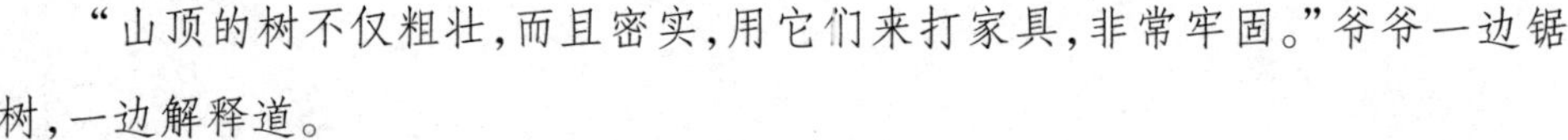

“山顶的树不仅粗壮，而且密实，用它们来打家具，非常牢固。”爷爷一边锯树，一边解释道。

“同样一种树，为什么山顶的粗壮，山脚下的细小呢？”

孙子打破砂锅问到底，爷爷停下手中的活，揩了揩额角上的汗珠，指了指山北方向，问：“你看，山北边有什么？”孙子顺着爷爷手指的方向看了看，眼前一片空旷，极目远眺，好像是天的尽头。于是摇头回答说：“什么都没有啊！”爷爷很肯定地接过话茬：“有，而且很大，那是从遥远的北方刮来的风和西伯利亚的寒潮。”爷爷一手叉腰，一手远指，犹如一位哲学家。

“这和风与寒潮有什么关系呢？”孙子大惑不解。

“当然有关系，长年经历风吹雨打的树木，生命力极强，根系特别发达，那么它从泥土中吸取的养分就充足，因此，长得也特别粗壮。”说着，爷爷转过身指了指山南的山脚，继续说道：“你再看看那些树，背后有大山抵御风和寒潮，很少受自然界侵袭；从树枝到根系都得不到锻炼，长得也就瘦小脆弱。若用它们来打家具，不仅易折易裂，而且易受病虫腐蚀。”

听完爷爷的讲解，孙子恍然大悟。于是，他在山顶英雄般地立下豪言壮语：“我长大了一定要做山顶上的大树。”爷爷听后，摸摸他的头，爽朗地笑了。

每一个懂得善待自己的人，在追求幸福生活的同时，都不会主动逃避成长道路上的艰辛。善待自己，并不是给人生以诸多的安逸，而应及时提升人生的张力。就如那些数一数二的木材总是生长在高山之上一样，推动自己不断高攀的人，他们把自己摆在不断经受历练的轨迹上，他们渴望幸福，但更渴望在快速成熟的路上饱览更多精彩的风景。

朋友，请记住那句经典的歌词：“不经历风雨，怎么见彩虹，没有人能够随随便便成功……”也许此时的你正处于人生的低谷，然而，这也正是你聚集力量的时刻。增强自己的韧性，善待自己的处境，你会发现，你将一步步推动自己走向人生的高峰。

TUE 方向比距离更重要，一味努力不如正确努力

方向走对了，哪怕走得慢却能一步一步靠近成功；可倘若走错了方向，不仅白忙一场，更可能离成功越来越远。

人的一生有很多意外会发生，你无法控制它们，就像你不能掌控自己的生老病死一样。于是有人说活着就要及时享乐，就要对得起自己，而有些人认为活着就要不断追求，不断收获，不断给自己树立目标，在每一次实现目标时，尽情享受其中的快乐。

通常我们把前者的态度说成消极，把后者赞为积极面对生活的人。拥有目标，从而奋力拼搏，这是成功最简单的模式之一。但你是否明白，在你的生命中，在你前行的路上，不是每一条河都能顺利渡过的，遇到过不了的河掉头而回，也是一种智慧。但很多人在这种情况下，却只盯着眼前奔腾的河水发愁，而看不到河边的苹果树。真正的智者会放飞思想的风筝，摘下河边的“苹果”。

很多商界人士都喜欢高尔夫这项非常有趣的运动，每次击球之前，选手都需要观察和思考，需要靠手、臂、腰、腿、脚、眼睛等各部位的有效配合进行击球。而击球的关键则在于两个“D”，即方向（Direction）和距离（Distance）。

在很小的时候，我们就懂得辨别方向和测绘距离，当两者混在一起，并具有非常复杂的关系时，很多人处理起来已觉得很困难。如果再衍生到人生行动的距离与方向上，能够主动思考这点的人，恐怕少之又少。就像高尔夫球这项运

动的初学者一样，他们中有不少人只想着把球打远，而忽视方向的重要性，其实，把球打直要比打远更重要！所以，擅长打高尔夫的人都会谨记这样一条原则："方向比距离重要。"这条高尔夫球运动的重要法则同样适用于我们对生活和事业的处理方式。方向走对了，哪怕走得慢却能一步一步靠近成功；可倘若走错了方向，不仅白忙一场，更可能离成功越来越远。

法国著名科学家法伯发现了一种很有趣的虫子，这种虫子有一种"跟随者"的习性，它们外出觅食或者玩耍，都会跟随在另一只同类的后面，从来不敢换一种思维方式，另寻出路。发现这种虫子后，法伯做了一个实验，他花费了很长时间捉了许多这种虫子，然后把它们一只只首尾相连地放在了一个花盆周围，在离花盆不远处放置了一些这种虫子很爱吃的食物。一个小时之后，法伯前去观察，发现虫子一只只不知疲倦地在围绕着花盆转圈。一天之后，法伯再去观察，发现虫子们仍然在一只紧接一只地围绕着花盆疲于奔命。七天之后，法伯去看，发现所有的虫子已经一只只首尾相连地累死在了花盆周围。

后来，法伯在他的实验笔记中写道：这些虫子死不足惜，但如果它们中的一只能够越出雷池半步，换一种思维方式，就能找到自己喜欢吃的食物，命运也会迥然不同，最起码不会饿死在离食物不远的地方。

这种只会跟随的虫子，不具备把握自己、选择方向的能力，它们用生命换回来的努力，最终也都是在可悲地做着无用功。

只知道跟在别人身后漫无目的地奔跑，结果自食其果。现实生活中，是否也有很多这样的人呢？拥有自己的方向，并懂得正确努力的人，就如一个高尔夫球高手一般，才会在生活这唯一一次的竞赛中取得优异的成绩。

有一位印度学者对阿利·哈费特说："如果你能得到拇指大小的钻石，就能买下附近所有的土地；如果你能找到钻石矿，那么就能够让你的儿子坐上王位了。"

从此，钻石的价值就深深烙进哈费特的心坎。

那天晚上，哈费特彻夜未眠，第二天一早便跑去找学者，问他到哪里才能找到钻石。学者发现他如此迷失，便更改了建言，希望打消哈费特的念头。但是，已经沉入妄想中的哈费特完全听不进去，死缠着学者，最后学者随口说："您要去很高的山里，寻找流着白沙的河，只要找得到白沙河，就一定找得到钻石。"于是，哈费特变卖了所有的家产，开始他的寻钻之路。但是，他找了许久，始终找不到宝藏，最后在西班牙的海边，投海死了。

几年后，有人买下哈费特的房子。当准备让骆驼饮水时，发现沙中竟然闪着奇特的光芒。他立即拿了工具去挖，不久便挖到一块闪闪发光的石头。不知道这是什么，只觉得这块石头很漂亮，便将它放在炉架上。

有一天，那位学者来拜访这户人家，一进门，就发现炉架上那块闪闪发光的石头。学者惊奇道："这是钻石啊！是哈费特回来了？"新屋主说道："没有啊！哈费特并没有回来，这块石头是我在后院的小河旁边发现的。"学者怀疑地说："不！你在骗我。"于是，新屋主向学者说出他找到钻石的地方，两人便立刻来到小河边，开始挖掘。几分钟后，便找到一块更为亮丽的钻石，接着又陆续挖掘出许多的钻石。

后来献给维多利亚女王的那块钻石，也是出自这个地方，而且净重 100 克拉。

钻石就在自己家后院的小河边，哈费特却南辕北辙地到外面四处寻找，他的一切努力，都因方向的错误，而失去了任何意义。

人生有很多条道路，路到尽头，我们就应该及时转弯。我们总是敬佩那些执著努力的人，他们的精神被宣扬成主旋律，感染着许多青年人热血沸腾地去努力拼搏。但你在其中是否能保持一个辨别方向的清醒的头脑呢？有人做过统计，在一般人所做的努力中，无效努力的成分占到 80%以上；而造成你的成功的有效努力的成分仅占 20%左右。这依然符合 80/20 法则的规律。

因此，我们可以说，调动自己的积极性，执著地努力，这些都是年轻人的不二选择。在这中间，你还应该注意：选择正确的方向，始终正确地努力，不要只顾盲目地奔跑，而失去了思考的能力。

WED 摔倒了几次，就要爬起来几次

一次又一次的“失败”让你在蜕变中拥有破茧而出的美丽，成功就是跌倒后一次次地站起，只要站起来的次数比跌倒的次数多，你就是最终的胜利者。

每天睁开眼，很多人都已经欠下了一笔实实在在的账单。从家里到公司来回开车的油费、过路费、停车费、车辆保养费、饭费，再加上抽烟等一些小项目的花费，不排除偶尔同事聚餐和请客吃饭，一天下来，与自己的日薪相比，已经透支了很多。

这就是目前一部分人的生存现状。是他们懂得享受生活，还是生活同样给予他们很多无奈的选择呢？不管你是新员工还是老领导，金钱给每个人带来不同的压力。在高喊追求理想的口号下，与金钱齐头并进，让金钱成为工作和生活的保障，这是很多人无奈和现实的选择。

因此，我要成功，我要赚钱的话在很多有志向的年轻人的心中不断呼喊着，他们渴望成功女神的垂青，渴望机遇女神的怜悯，但又都害怕会遭遇困难和挫折的煎熬。不同的生存压力让他们在面对困难、机遇、挑战时，拥有不同的选择。很多人已经习惯了高喊口号，调侃自己的理想，让嘴皮子过过瘾，到最后还

是洗洗睡了。

再往前跨出一步，真的有那么难吗？是你害怕跌倒，还是由于畏惧，最终把困难的影子拉得太长了，覆盖住了你激动和渴望的心？

一个阳光灿烂的午后，约翰和几个好朋友一起去郊外爬山。

山清水秀，鸟语花香。约翰等人玩得非常尽兴，不知不觉就忘记了时间，等到发现太阳已经落山的时候，这才慌了神。

“如果沿着来时的路返回去，至少需要三个多小时，那样的话就太晚了；咱们干脆走近路吧，一个小时就可以下山了，但途中要跨过一条河沟……”夜色昏暗中，有人提出了这样的建议，很快获得了一致的赞同。

很快，约翰一行人就来到了那条河沟前。河沟大约有几米深，溪水的流淌声在杳无人烟的山林中格外刺耳。“跳，还是不跳？稍有不慎，就有可能掉进河沟里去……”约翰等人犹豫着，徘徊着，迟迟拿不定主意。

天色更加暗了。终于，约翰狠了狠心，招呼着大家：“没办法了，咱还是跳吧。”说完，弯腰拾起一根木棍，小心翼翼地横放在河沟的两岸之间：“看吧，河沟也就这么宽，咱们用点力就可以跳过去了。”

看到大家还有些犹豫，约翰就向后退了退，然后紧跑几步，“噌”地跳了过去。“来吧，很容易就过来了……”在约翰的鼓励之下，几个人也学着他的样子，后退了退，再紧跑几步，借着惯性作用跳过了河沟。

重新走在山间的小路上，大家嘻嘻哈哈地说笑开了。只听约翰坚定地说着：“别看那河沟有些可怕，但还是被咱们征服了。所以说，有些困难并不可怕，可怕的只是我们在心中的想象，如果能大胆地鼓起勇气来，是没有什么困难不能被战胜的！”

没什么苦难是不能战胜的，心底里存有这样的呼唤，全身就会充满干劲。面对同一个必须做出的选择，有的人看不到成功的曙光，看到的只是畏惧和跌倒，于是就心灰意冷，感叹时运不济，感慨成功路遥。其实，成功远远比他们想象得要简单！就像约翰勇敢地做出决定一样，跨过去，成功就这么简单地来临了。

在生活中，你可以很平凡，只是芸芸众生中的一员，每天朝九晚五地奔波于公司与家的两点一线之间，疲于奔命；你可以相貌平平，不受美女的青睐，不在大庭广众之下轻易表现自己。但是你不可以自甘平庸。你需要牢记：平凡不等于平庸。你也一样可以优秀，可以卓越，可以创造属于自己的轰轰烈烈的人生。

害怕遇到困难，担心一次次跌伤，甚至失去现有的一切吗？看看倒霉的林肯吧！这样的话，你的心里会平衡很多。

21岁，做生意失败；22岁，角逐州议员落选；24岁，做生意再度失败；26岁，爱妻去世；27岁，一度精神崩溃；34岁，角逐联邦议员落选；36岁，角逐联邦议员再度落选；45岁，角逐联邦参议员落选；47岁，提名副总统落选；49岁，角逐联邦参议员再度落选；52岁，当选美国第16任总统。

一个人就是这样在一次又一次"失败"的蜕变中破茧而出的！更何况，我们一般人都没有机会饱尝如此之多的"失败"的辛酸，就已经叩响了成功的大门。因为，我们的成功并不是要问鼎白宫当总统，我们的目标只是为了加薪，为了升职，为了衣锦还乡的荣光……这些目标离我们更近，更容易一些，只要你肯努力，似乎唾手可得。

成功就是跌倒后一次次地站起，只要站起来的次数比跌倒的次数多，你就是最终的胜利者。有人把成功比作空气，如果你像需要空气、渴望空气一样渴望成功的话，它就会推动你快速成长。还有人说成功像极了自己的恋人。首先，你之所以追求她，是因为你发自内心地爱慕她、喜欢她。既然决定追她，那么你就要做好遇到挫折乃至遭受拒绝的准备，需要做好吃苦受罪的准备，需要"衣带渐宽终不悔，为伊消得人憔悴"的勇气。接下来，要想真正追到她，你还需要讲究战略和战术，多少次跌倒，再多少次站起，你肯定会与她贴得越来越近。

THU 有思路有出路，偏离靶心并不等于失败

未来拥有无限的生机，在勇敢地迈出一步步的时候，要记住，即使偏离靶心也并不等于失败。

一谈到励志，理想总会被放在第一位。人有目标是好事，它可以使我们在行进之中不至于茫然失措、三心二意。理想的意义是无限的，但人不能光靠理想过日子，对年轻人来说，目标是远大，还是现实，是执著前进，还是另辟蹊径，在他们感到理想走入瓶颈的时候，这些问题总会困扰着他们，以致手足无措，任其发展。

不知道该如何选择时，跟没有权利进行选择拥有着同样可悲的意味。人生是一条漫长的旅途，有平坦的大道，也有崎岖的小路；有灿烂的鲜花，也有密布的荆棘。在这个旅途上，每个人都有自己或大或小的目标，如果你是一支已经射出的箭，那么你的目标就是你的靶心，在持久的飞行中，你是否怀疑过最初的瞄准到位了吗？自己是否仍然还飞行在正确的轨迹上呢？

阿联从小热爱画画，大学毕业后，他出国留学继续深造。可是，由于生活的拮据，他不得不在读书之余，花费大量的时间打工赚取生活费。

后来，有人介绍了一份工作给他，就是帮宾馆修剪草坪。这个工作与画画可是大相径庭，不仅需要体力，而且剪草坪的剪子还会把手磨得粗糙不堪。

起初他很不情愿，因为他的梦想是当一名油画家而不是园丁。但现实是不能由自己的意愿决定的，他只好一次次地去到宾馆外面，对着草坪和灌木，不断

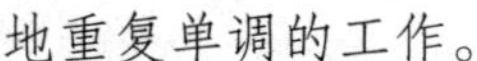

地重复单调的工作。

在国外的三年时间里，他就这样一直靠帮各个宾馆修剪草坪谋生。渐渐地他发现，修剪草坪也并非总是那么枯燥。比如说，有一天，他不小心铲坏了一块草皮，想了想，他就把这块草坪修成了一幅画的样子，竟得到了人们的极力赞赏，他的薪酬也因此增加了一倍。慢慢地，他开始喜欢修草坪这个工作了。后来，因为请他修剪草坪的宾馆太多，他不得不雇用了另外一些人，再后来，他有了自己的小商店。三年以后，他成立了自己的公司，这是一家专门帮人设计修剪草坪画的公司。

阿联最初的执著追求让人敬佩，但如果当年他一味热爱美术，专心油画，而不去做其他工作，也许过不了多久就会坐吃山空，所学功课也会半途而废。可是，成功之箭偏了那么一点点，它没有射中美术这个靶心，却射中了草坪公司的靶心。其实很多时候，成功之箭射中的都是另外的靶心。只是有些人及时发现了，而有些人仍然执迷不悟。

生活不会一帆风顺的道理人尽皆知，无论顺境还是逆境，都要从容面对；无论获得还是失去，都要平静接受，这才是聪明人的活法。路就在脚下，不管过去多么暗淡，不管未来多么辉煌，一切的过去都以现在为归宿，一切的未来都以现在为起点！

此时你已经在路上，你的成功之箭，是否还一味执著地坚持，还是学会了适当地选择合理的通向成功的路径呢？

卡里比是高原上经营果园的果农。每年他都把成箱的苹果以邮递的方式零售给顾客。一年冬天，高原上下了一场罕见的大冰雹，一个个色泽鲜艳的大苹果被打得疤痕累累，卡里比心疼极了。“是冒着被退货的危险寄货呢，还是干脆退还订金？”他越想越懊恼，并且歇斯底里地抓起受伤的苹果拼命地咬。忽然，他发觉今年的苹果比往年的苹果更甜、更脆，汁多味美，但外表的确非常难看。“唉，多矛盾！好吃却不好看！”他辗转反侧，夜不能寐。

一天，他忽然产生了一个创意。第二天，他根据构想的方法，把苹果装好箱，并在每个箱里附了一张纸条，上面写着“这次寄奉的苹果，表皮上虽然有点受伤，但请不要介意，那是冰雹的伤痕，这是真正在高原上生产的证据！在高原，气温往往较低，因此苹果的肉质较平时结实，而且产生一种风味独特的果糖。”在好奇心的驱使下，顾客们都迫不及待地想拿起苹果，尝尝味道。“嗯，好极了！高原苹果的味道原来是这样！”顾客们交口称赞。

陷入绝望的卡里比所想出来的创意，不但化解了他面临的重大危机，而且还收到了大量专门订购这种受伤苹果的订单。

每个人的生活，都会像卡里比一样不时地遇到意外的侵袭，会遭受挫折。原本你设想的完美计划，突然被干扰，无法继续实施下去时，你能够拥有卡里比的机智吗？

生活的挫折使人生的航向发生转变，但你要记住，这是一次新的机遇，就连上帝也不能就此断定你已经走向失败。

生活从不同情弱者，即使生活有一千个理由让你哭泣，你也要拿出一万个理由笑对人生。“不管风吹雨打，胜似闲庭信步。”只有这样才能保持一个平衡的心态，才能凭着自己破釜沉舟的斗志风雨兼程，才能凭着“可上九天揽明月，可下五洋捉鳖”的豪情勇往直前。才能开拓自己新的思路，寻找到新的出路。

作为年轻人，未来拥有许多机会，在勇敢地迈出一步步的时候，要记住，即使偏离靶心也并不等于失败。

FRI 胖子和瘦子，哪个走枕木走得更远

走几步就看看脚下有没有印迹，口袋里是不是多了东西，这种急躁的心态只会让你走向气馁。

在这个流光溢彩的社会，在物质日渐丰富的今天，致富早已成为主流的话题，致富的能力成为衡量一个人综合能力的重要标准。不同的人对致富有不同的看法，激情、野心、性格、胆识、机遇，在一个人的奋斗过程中都占据着重要的位置，每个人对这些致富因素的肯定程度不尽相同，但是对一定要有远大的目标这点，大家很容易达成共识。

目标就是努力的方向，是拉动人向前奔跑的动力，没有方向谈何其他，方向错误，一切都是无用功。

在美国著名的哈佛大学，有这样一个非常著名的关于目标对人生影响的跟踪调查。对象为一些智力、学历、环境等条件差不多的年轻人，调查结果显示：

27%的人没有目标，60%的人目标模糊，10%的人有清晰但比较短期的目标，3%的人有清晰且长期的目标。

25年的跟踪研究结果，他们的生活状况及分布现象十分有意思。

那些占3%的人，25年来几乎都不曾更改过自己的人生目标。25年来他们都朝着同一个方向不懈地努力，25年后，他们几乎都成了社会各界的顶尖成功人士，他们中不乏白手创业者、行业领袖、社会精英。

那些占10%有清晰短期目标者，大都生活在社会的中上层。他们的共同特

点是，那些短期目标不断被达成，生活状态稳步上升，成为各行各业的不可或缺的专业人士。如医生、律师、工程师、高级主管等。

其中占60%的目标模糊者，几乎都生活在社会的中下层，他们能安稳地生活与工作，但都没有什么特别的成绩。

剩下27%的是那些25年来都没有目标的人群，他们几乎都生活在社会的最底层。他们的生活都过得不如意，常常失业，靠社会救济，并且常常都在抱怨他人，抱怨社会，抱怨世界，这也使得他们失去了上进的力量，深陷于穷困的泥沼中。

生活中，人不能没有目标，目标能够给人以动力和欲望，它是人前进的永动机。在认识到树立目标这一意义的同时，我们也应该知道，目标有大有小，树立远大的目标和容易接近的目标有着不同的人生意义和作用。美国潜能成功学大师安东尼·罗宾说：如果你是个推销员，你给自己定的年薪是1万美元容易实现，还是10万美元容易实现呢？多数人经历后的结果是10万美元。为什么呢？如果你的目标是赚1万美元，这肯定不是非常难以实现的，这就会使得你的眼界死盯着这1万美元的目标，结果思维和行动都局限在此，工作和计划都是按照这个目标来制定，那么你工作的积极性和创造力都将受到很大的限制，更不用说在开发自己的潜能方面所流逝的资本了。

在生活中，具有崇高的理想目标，为之在思想上和行动上付出艰苦努力的人，毫无疑问会比一个根本没有目标的人更有作为，这是被许多伟人的成功和卑微者的失败验证过的。记得有句苏格兰谚语这样说："扯住金制长袍的人，或许可以得到一只金袖子。"那些志存高远的人所取得的成就的大小虽不相同，但他们的脚步都会远远地离开起点，生存的状态也都较以前大有改善。在追求自己理想的旅途中，即使我们起先设定的目标没有完全实现，但是我们为之付出的努力，这本身就会让自己收获丰盈、受益终生。

但凡成就一番伟业的人，在事业的初期都有一个坚定的目标，他们知道自

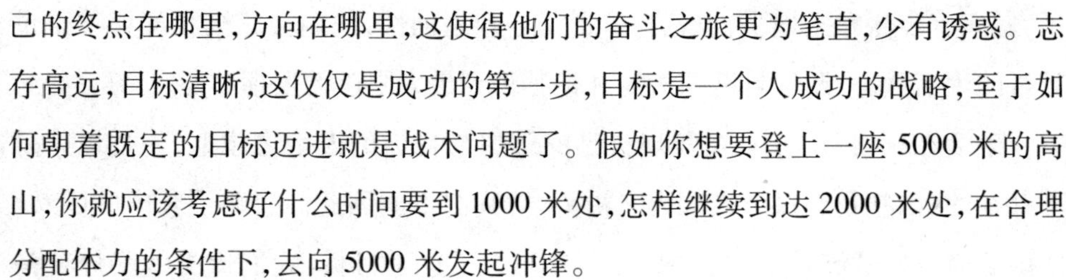

己的终点在哪里，方向在哪里，这使得他们的奋斗之旅更为笔直，少有诱惑。志存高远，目标清晰，这仅仅是成功的第一步，目标是一个人成功的战略，至于如何朝着既定的目标迈进就是战术问题了。假如你想要登上一座 5000 米的高山，你就应该考虑好什么时间要到 1000 米处，怎样继续到达 2000 米处，在合理分配体力的条件下，去向 5000 米发起冲锋。

有一位瘦子和一位大胖子在一段废弃的铁轨上比赛走枕木，看谁能走得更远。

瘦子心想：我的耐力比胖子好得多，这场比赛我一定会赢。开始也确实如此，瘦子走得很快，渐渐将胖子拉下了一大截。但走着走着，瘦子渐渐走不动了，眼睁睁地看着胖子稳健地向前，逐渐从后面追了上来，并超过了他，瘦子想继续加力，但终因精疲力竭而跌倒了。

最后，在极大好奇心的驱使下，瘦子想知道其中的秘诀。胖子说："你走枕木时只看着自己的脚，所以走不多远就跌倒了。而我太胖了，以至于看不到自己的脚，只能选择铁轨上稍远处的一个目标，朝着目标走。当接近目标时，我又会选择下一个目标，然后就走向新目标。"

随后胖子颇有点哲学意味地指出："如果你向下看自己的脚，你所能见到的只是铁锈和发出异味的植物而已；而当你看到铁轨上某一段距离的目标时，你就能在心中看到目标的完成，就会有更大的动力。"

人生也是这样，当我们拥有一个远大的目标时，我们要知道实现它不会是一朝一夕的事情。一个远大目标的实现是靠我们始终如一地盯着它，才能顺利走到终点的。同时，我们也应该懂得把这个远大目标在笔直的线段上加以分段，在特定的时期内给自己找一个通向终极目标的小目标。

有目标、有方向、有规划，这样的人无疑是离成功最近的人。一个人在心中有了一系列规划后，在表面看来和以前也许没什么不同，但是因为眼光看得远了，做事有步骤和条理了，也就有了责任心和主动性，他们会完全脱离那种得过且过的生活状态，激发自己的潜能并让其得到最大限度的发挥。

生活在现实社会中，在实现自己的理想与目标的人生之旅上，一番坦途是不存在的，虽然我们每个人都为之祈祷，但我们不能因此而忽略了其中的困难。法国著名将领戴高乐说："目标已经在望，为了这个目标，我们遭受一些痛苦是值得的。在这以后，我们将会飞得更高，更远，更有力，然而，生活难道不就是这样吗？"正视现实中的困难，用志向高远的意志践行自己为实现目标而制定的计划，在迈出第一步的时候，知道下一步该迈向哪里，成功的脚总会比成功的路要长。

SAT 知道如何实现目标，更要知道实现后该做什么

灵魂如果没有确定的目标，它就会丧失自己 。

在现实社会中，让自己变得更富裕，占有更多的金钱是大多数人追求的切实的利益。在通向富足的道路上，为自己制订一个符合实际的目标，是通向成功的第一步，也是人生多姿多彩、无限绚烂的开始，在实现目标的拼搏中，我们的人生意义得到了更好地诠释。

蒙田说："灵魂如果没有确定的目标，它就会丧失自己 。"可见，一个人拥有自己的目标，对实现人生价值拥有何等的意义。

如果一个人没有明确的目标，他的日子就会过得浑浑噩噩，没有任何追求和动力，他只能把精力放在小事情上，而这些小事情又会使他忘记了自己本应

做的事情,由此更加不能清醒地提升自己的志向。要想在致富和成功的道路上走得更快,让自己的人生更为精彩,除了知道要适时地给自己制定目标,以激发自己的力量和潜力外,如何实现目标才是更为关键的一步。

四十多年前,有一个十多岁的穷小子,他自小生长在贫民窟里,身体非常瘦弱,却想当一位政治家。如何实现这样的抱负呢?年纪轻轻的他,经过几天几夜的思索,拟定了这样一系列的连锁计划:

做美国州长是一个很好的目标:要竞选州长必须得到雄厚的财力支持—要获得财团的支持就一定得融入财团—要融入财团就需要娶一位豪门千金—要娶一位豪门千金必须成为名人—成为名人的快速方法就是做电影明星—做电影明星前要练好身体,练出阳刚之气。

按照这样的思路,他开始刻苦并持之以恒地练习健美,他渴望成为世界上最结实的男人。3年后,凭着发达的肌肉和健壮的体格,他开始成为健美先生。

在以后的几年中,他成了欧洲乃至世界健美先生。22岁时,他进入了美国好莱坞。在好莱坞,他花了10年时间,利用自己在体育方面的成就,一心塑造坚强不屈、百折不挠的硬汉形象。终于,他在演艺界声名鹊起,当他的电影事业如日中天时,女友的家庭在他们相恋9年后,终于接纳了他这位“黑脸庄稼人”。他的女友就是赫赫有名的肯尼迪总统的侄女。

婚姻生活过了十几个春秋,他与太太生育了4个孩子,建立了一个“五好”家庭。2003年,年逾57岁的他,告老退出了影坛,转而从政,并成功地竞选成为美国加州州长。

他就是阿诺德·施瓦辛格。他的经历告诉我们,目标要远大,经营自己的过程却要稳扎稳打,在一个台阶上站好了,然后再瞄准下一步。

目标的实现需要一个循序渐进的过程,同时要利用自己起初的那一点微弱优势,开发它,扩大它,在某个方面专心行动,当在这个领域成为佼佼者时,你的成功也就来临了。

在实现自己的终极目标时，这一路上的每一个小小的成功，都会给予你欣慰和动力，增加你的信心，坚定你的信念，同时为你以后的前行之路加满油。在此之后，你还应保持自省与谦逊，在总结自己的得失后，踏踏实实地朝着下一个成功的小目标挺进。

最终的成功就是这样实现的，那些以为天上会掉馅饼或等着一朝暴富而不稳稳当当付出的人，是不会明白成功的基本模式的。

当然，在我们朝着目标前进的过程中，困难将依然存在。为了实现目标，开始会前进得很慢，很艰难，你会有很大的付出，你经常会失败，经常会失望，经常处于痛苦和沮丧之中。但这却是一个自我改进的过程，在这个过程中，你的能力得到了充分的验证，你还会遇到很多新的事、新的人，让你整个人生和你所处的圈子发生变化。这也是一个蜕变的过程，虽然艰辛，但是收获会使我们的付出变得更有意义。其实，在目标实现时，你会发现，自己经过一路拼搏，成为什么样的人比自己得到什么东西更为重要和珍贵。

许多人都给自己制订了目标，而为目标努力践行无非有两种结果，实现了目标和在路途中放弃了。当自己制定的目标最终实现后，结果又会如何呢？

在英国伦敦，一位名叫斯尔曼的残疾青年，他的一条腿患上了慢性肌肉萎缩症，走起路来都很困难，可他凭着坚强的毅力和信念，创造了一个又一个令人瞩目的奇迹：

19岁时，他登上了世界最高峰珠穆朗玛峰；21岁时，他登上了阿尔卑斯山；22岁时，他登上了乞力马扎罗山；28岁前，他登上了世界上所有著名的高山……

然而，就在他28岁这年的秋天，却突然在寓所里自杀了。

功成名就的他，为什么会选择自杀呢？有记者了解到，在他11岁时，他的父母在攀登乞力马扎罗山时不幸遭遇雪崩双双遇难。父母临行前，留给了年幼的斯尔曼一份遗嘱,希望他能像父母一样,一座接一座地登上世界著名的高山。

年幼的斯尔曼把父母的遗嘱作为他人生奋斗的目标,当他实现这些目标后,感到了前所未有的无奈和绝望。在自杀现场,人们看到了斯尔曼留下的痛苦遗言:“这些年来,作为一个残疾人创造了那么多征服世界著名高山的壮举,那都是父母的遗嘱给了我一种坚定的信念。如今,当我攀登了那些高山之后,我感到无事可做了……”

斯尔曼在完成了目标之后,却失去了人生的全部。当然,斯尔曼只是一个个例,并不具有普遍意义。然而,我们却可以从斯尔曼的故事中发现这一点:生命的意义,不仅在于不断实现人生的目标,更在于不断提升人生的目标。

对于斯尔曼来说,他的成功让众多的人敬佩,他为实现目标而艰苦努力的执著精神,更是让人仰视。然而,美中不足的是,他被自己起先制订的目标所束缚,不知道在实现目标后,树立新的目标。

新东方创始人俞敏洪说:“人生的奋斗目标不要太大,认准了一件事情,投入兴趣与热情坚持去做,你就会成功。”这句话正在被众多的人坚守着、实践着,同时也享受着其给自己带来的喜悦与满足。努力实现目标,会让你的人生开出一朵绚烂的成功之花,而不断提升自己的目标,树立和挑战新的目标,会让你在人生之路的两旁,播撒下诸多成功之花的种子,它们会在努力的路上,在拼搏的季节开得芬芳,将你的人生之路点缀得花香弥漫,缤纷绚丽。

SUN 生有缺陷，让雄心壮志为成功护航

信心和理想乃是我们追求幸福和进步的最强大推动力。自身有多少缺陷和不足，对应着就有多大的潜力。

命运总是喜欢捉弄人，翻开人类的成败史，我们经常会看到一个个戏剧性的故事结局——在向同一个目标奋斗的过程中，一些处于顺境、条件便利的人往往是失败者，而一些身陷逆境、生有缺陷的人却往往是成功之神的宠儿。

果真如此吗？细细研究，我们就会发现，其实机会之于二者是均等的，只是在“可能”与“不可能”的博弈对局中，前者志向不坚定，畏首畏尾、举棋不定，让本来优越的条件剑走偏锋，而后者则心“雄”志“壮”，矢志不移、化不利为有利，终于安全坐镇成功的金銮殿。

虽然拥有雄心壮志不一定就能成功，但没有它绝对不能成功。思想是行动的种子，想是做的前提。就像汽车只有有了燃料才能向前跑、火箭只有有了助推器才能登上太空一样，一个人只有有了雄心壮志，才能冲破一切“不可能”的樊篱，战胜不利条件，甚至是自身的一些先天缺陷，一步步实现突破，迈向成功。

在加拿大历届著名领导人中，有一位享誉世界的“蝴蝶总理”。他就是加拿大第32届总理——让·克雷蒂安。可又有多少人知道这位杰出的领导人美丽称号背后的故事！

小时候的他，曾患有严重的口吃。当别的孩子都能自由地表达、尽情地玩耍时，他却只能偎依在妈妈的身旁，听妈妈讲故事，用无声的言语和书中的人物

交流,然后结结巴巴吃力地向他唯一耐心的听众——妈妈,表达自己对书中人物的看法。

一次,他无意中从书上读到一篇关于蛹一步步蜕变成蝴蝶的神奇历程的故事,这则故事让他深有感触,连一只弱小的蛹都能变成美丽的蝴蝶,自己又有什么事做不到呢?于是他向妈妈结巴着一字一顿地说道:“妈妈,有一天我也要化蛹成蝶……”妈妈被他直面嘲笑仍有此追求的伟大志向和坚强信念感动得流下了泪,并鼓舞他:“孩子,没有你做不到的事情……”

从此,小让·克雷蒂安在妈妈的指导和帮助下每天口含石子,开始了刻苦的讲话训练。虽然很多次嘴角磨出了血,但他仍坚信着成为一只蝴蝶的可能,丝毫不动摇做一个杰出人物的雄心。他终于克服了先天的缺陷,练就了富有磁性的嗓音,并在后来的总理大选中,以绝对票数领先,实现了那个美丽的夙愿……

让·克雷蒂安并不是一个天才,甚至可以说是一个天生就有很多缺陷的“不正常”的人。对于大多数的普通人来说,由一个凡人跃升为总理,有几个人敢有这样的奢望、想法?而让·克雷蒂安靠着自己的雄心壮志的支撑,走出先天缺陷的泥沼,化蛹成蝶,实现了凡人都不敢企及的梦想。在他驶向成功彼岸的航船上,载满了坚强、执著,也历尽了狂风恶浪、急流险滩,而正是坚定的信念给了他一往无前的力量。

别因为自身有缺陷、有不足,就对自己说“不可能”。邓亚萍虽然个子矮,不也在世界乒坛上叱咤风云吗?“只有想不到,没有做不到”,雄心壮志是潜能的挖掘机,更是行动的助推器。没有志向或是志向不坚定的人,是难以产生持久的奋斗动力的;胸有凌云壮志,自会有一种坚忍不拔的毅力,一股“仗剑出长安”的侠气。

英国有一个小女孩,天生胆小,尤其害怕夜里一个人走路。自从读完《居里夫人传》后，她对这位伟大的女科学家产生了深深的崇拜和敬佩之意，并立志要做第二个"居里夫人"。于是，她把想法告诉了妈妈，妈妈十分欣慰并鼓励她道："孩子，一切都是有可能的，但你首先要勇敢，还要有毅力，经得起挫折和失败……"小女孩认真地点了点头，并努力按照妈妈的话去做。

8岁那年，有一次她和妈妈去集市买东西，快到家时，天色已经很晚了。她家的房子是一栋丛林掩映的红色小瓦房，虽然从房后看起来很近，但因为旁边杂草与荆棘丛生，时常还有刺猬等小动物出没其中，加上附近果园枝丫的遮挡，不仅行走不便，而且极易迷失方向，所以人们宁愿绕道也没有人从这儿走。那天傍晚，又要绕道时，小女孩突发奇想："能不能不绕道就到家呢？"于是，她倔强地拒绝了妈妈的劝告，一个人沿着房后，穿越丛生的杂草，结果真的赶在妈妈前面回到了家。这件事虽小，却大大增强了她追逐梦想的勇气。

长大后，在求学之路上她遇到的困难和挫折也越来越多、越来越大。当很多聪明的男孩在某些难题上放弃时，她却凭着自己的倔强劲，品尝着一一攻克它们的喜悦，并最终考上了令很多优秀学生都向往的英国著名的物理学研究院。

这是一个真实的故事，小女孩用自己的成长历程告诉我们：没有什么不可能，只要努力，谁都能实现自己的理想。很多时候，我们缺乏的正是这种坚定的信念，一种不畏任何阻挠和压力直冲云霄的姿态，一种不卑不亢将壮志之根牢牢扎进信念沃土的底气。

信心和理想是我们追求幸福和进步的最强大的推动力。石看纹理山看脉，人看志气树看材。山高高不过肩膀，路远远不过脚步。让雄心为前进的航船掌舵，让信念为前进的航船扬帆，相信人生的舞台没有配角，你就是天之骄子。

第 5 章

专心于路，别专心于脚下的困难

Be Kind To Yourself Everyday

“人间没有永恒的夜晚，世界没有永恒的冬天。”艾青的这句话告诉我们，所有的困难最后都能被化解，关键在于你是否勇敢坚持，不被脚下的荆棘缠绕。莎士比亚说过：“斧头虽小，但多次砍劈，终能将一棵坚硬的大树砍倒。”

让心灯照亮前行的路，专注于自己的目标，你的步子必然会迈得更坚定。一个具有崇高理想和远大志向的人，毫无疑问会比一个根本没有目标的人更有作为。那些志存高远的人，所取得的成就必定远远离开起点。即使你的目标没有完全实现，你为之付出的努力本身也会让你受益终生。

MON 不要放弃寻找，希望永远存在

哪怕只有百分之一的希望，我们也要做百分之百的努力！这是智者对生活的宣言。

生活中有五彩缤纷的颜色，其中最为绚丽的叫做永不绝望。即使是一个普通人，他的一生也会经历坎坷、饱受挫折，人生起起落落无法预料，当我们身处逆境时，千万不要忧郁沮丧，无论发生什么事情，无论你有多么痛苦，都不要整天沉溺于其中无法自拔，不要让痛苦占据你的心灵。困难来临时，我们要有勇气直面困难、打倒困难，以顽强的意志战胜困难。

无数成功的范例证明，那些相信自己并坚持到底的人，常常能够取得胜利。有人说过这样一句话："我不是为了失败才来到这个世界上的，我的血管里也没有失败的血液。"

如果经历一次失败，就失去信心，放弃努力，往往会功亏一篑，让成功与你擦肩而过。事实上，人生从来没有真正的绝境。无论遭受多少艰辛，无论经历多少苦难，只要一个人的心中还怀着一粒信念的种子，那么总有一天，他能走出困境，让生命重新开花结果。

尤利乌斯·马吉出生在苏黎世郊区的一个贫困的农家，异常窘迫的家境，让他没有读完初中，便开始了艰难的打工人生。然而，多年过去了，他唯一的特长只是像父亲那样磨面粉。父亲曾悲哀地对他说："你这辈子就是磨面粉的命了。"

马吉不甘心地回答父亲："不，我不会一辈子迈着沉重的步子，一圈圈地推着两扇磨。"父亲撒手而去时，留给他唯一的遗产便是那两扇简陋的磨盘。望着那转了无数圈的磨道，望着那两扇默默无言的磨盘，不服输的马吉思索着走出窘境的途径。

20 岁那年，马吉从朋友舒勒医生那里得知——干蔬菜不会损失营养成分。他想：若将干蔬菜和豆类放在一起磨，一定会磨出富有营养的汤料。那样，岂不可以让那些家庭主妇们熬汤更快速、方便吗？

他立刻借钱购置了设备，开始磨自己想象的那种汤料。就这样，一个灵感加上果断的行动，马吉很快便赢得了人们难以想象的成功——最早的速溶汤料。产品一投放市场，便大受欢迎。然而，马吉仍不满足，他的眼睛继续紧紧盯着那两扇磨盘，思索着接下来该磨出什么样的新产品。经过反反复复地试验，他终于在 1890 年，磨出了可以改变沙司、凉菜、鱼肉、汤和配菜味道的万能调味粉。后来，他又磨出了广为畅销的浓缩肉食品。到 1901 年，他已是拥有资产超过亿元的大型跨国公司的老板。

在苏黎世大学举办的一次演讲中，马吉自豪地告诉人们："即使命运只赠给我两扇简单的磨盘，希望也会给予我信心、智慧和执著，让我磨出亮丽的人生。"

即使生活留给你两扇磨，心怀希冀的人也会用自己的努力磨亮自己的人生。在这个充满竞争色彩的社会，最后的冠军永远都是那些百折不挠、被打倒了还会再爬起来的人。一次、两次不成，就再试几次。能不能成功，全看你能否坚持到底。多数人没有实现目标，原因就在于不能坚持。百折不挠的毅力，是成功人生的必备条件。

拥有坚定信念的人，希望更容易在他的心里扎根。生活中的一些人每当身陷困境时，悲观、失望就会立即爬上他们的心头，在自己给自己不断施加重压的过程中，希望的种子在他们的心中过早夭折，悲观的情绪则像黑色的墨水一样迅速浸染了他们本来就变淡的心。

生活中的智者都明白人的一生不可能常处顺境，有时候你会错失机会，你会被淘汰出局，但只要你继续参加比赛，不断地行走，不断地坚持，在拥抱着希望的同时，你就能感受到收获的快乐。

圣诞节这一天，吉米临时有事要去出差，但在买火车票的时候，却被售票员告知票早已经卖完了。看着吉米一脸着急的样子，售票员就好心地劝解他："你去候车厅转一转吧，没准儿还能碰上有人临时有事需要退票的呢。不过，像今天这样的日子，估计机会只有万分之一……"也只有这么一个办法了。吉米提起旅行箱，随着人流涌进了候车大厅。

可是，眼看着时间一分一秒地过去，还是不见有人说要退票。不过，吉米倒是非常有耐心地一直坐在位子上等着。当列车进站的广播响起来的时候，吉米只好提起旅行箱准备离开了，但他还是满怀希望地扫视候车大厅的每一个角落。就在这个时候，吉米突然看到：一个女人急匆匆地从门口处跑了过来，一边高高举着一张火车票，一边气喘吁吁地喊着："票……谁要火车票……"吉米乐了，赶紧跑了过去，一看：正是他需要乘坐的那列火车的票啊！原来，这个女人的孩子生病了，不能再冒着严寒外出，就跑来退票了。

坐上列车之后，吉米赶紧给家里的妻子打了一个电话，说："若不是我努力坚持着，从不绝望和放弃，也就抓不住这仅有的万分之一的机会了……"

哪怕是只有百分之一的希望，我们也要做百分之百的努力！这是智者对生活的宣言。在追求成功的道路上，时时刻刻保有坚定的信念和坚持的毅力。每天给自己一个希望，就是给自己一个目标，给自己一点信心。每天给自己一个希望，我们将活得生机勃勃，激情澎湃。生命是有限的，但希望是无限的，只要我们不忘记每天给自己一个希望，我们就一定能够拥有一个丰富多彩的人生。

TUE 在每一次逆境中，都隐藏着成功的契机

在芸芸众生中，我们每个人都是一粒看似微不足道的种子，当我们在某个不期而至的瞬间降临到人世上时，你除了不断挑战生活，其他的选择都显得索然无味。

每个人都会陷入生活的逆境当中，有的人能够迅速地从中走出，而有的人则会在其中越陷越深，找不到人生的解法。逆境是一种人人都不愿撞到的遭遇，同时，它也是每个人又必须面对的一项挑战。有人把挑战看成一种长期的、影响深远的威胁，其超出了自己所能控制的范围，这使他整日忧心忡忡。但无论陷入怎样的逆境，你都不应该绝望，因为前面还有许多个明天。乐观的人，在绝望中仍然满怀希望；悲观的人，在希望中还是绝望。

许多年前，美国人卡纳利在家里经营着一家杂货店，生意一直不好。年轻的卡纳利告诉他的父母，既然经营了这么多年都没有成功，就应该换一个思路，想想别的办法。他家附近有几所大学，学生经常出来吃快餐。卡纳利想，附近还没有人开一个比萨饼屋，卖比萨饼肯定能行。他就在自家的杂货店对面开了一家比萨饼屋。他把比萨饼屋装修得精巧、温馨，十分符合学生追求高雅情调的特点。不到一年的时间，卡纳利的比萨饼成为附近的名吃，每天都顾客爆满。他又开了两家分店，生意也很好。

卡纳利的胃口大了起来，他马不停蹄地在俄克拉荷马州又开了两家分店。但是不久，一个个坏消息传来，他的两个分店严重亏损。起初，他一个店准备500份，结果总有一半的比萨饼卖不出去。后来他又按200份准备，还是剩下很

多。最后,他干脆只准备50份,仍然不行。最后,一天只有几个人光顾的情景也出现了。同样是卖比萨饼,两个城市同样有大学,为什么在俄克拉荷马州就失败呢?不久他发现了问题,两个城市的学生在饮食和趣味上存在着巨大差异。另外,在装潢和配方上面他也犯了错误。他迅速改正,生意很快兴隆起来。

在纽约,他也吃尽了苦头。他做了很细致的市场调查,但是比萨饼就是打不开市场。后来,他又发现,卖不动的原因是比萨饼的硬度不适合纽约人。他立即研究新配方,改变硬度,最后比萨饼成为纽约人早餐的必备食品。

从第一家比萨饼店算起,19年后,卡纳利的比萨饼店遍布美国,共计3100家,总值3亿多美元。

卡纳利说:我每到一个城市开一家新店,刚开始大多都是失败的,最后成功是因为失败后我从没有想过退缩,而是一步一步地坚强起来,我告诉自己一定要积极思考失败的原因,努力想新的办法。因为不能确定什么时候成功,所以你必须先学会失败。

面对逆境发出的挑战,你首先应该学会失败,懂得失败,从失败中看到下一次成功的身影。只要你持续不断地敲门,成功之门总会被打开。失败永远是成功的前奏,是成功的集结号,只要努力地将它吹得响亮,总有一天,你会和成功握手。

逆境不可避免,谁逃避逆境的眷顾,就意味着失去了选择成长和成功的契机。的确,在人生的每一次逆境中都隐藏着成功的契机。就像一粒种子,它的萌芽需要勇气、信心及创造力,同时更需要逆境——阻力。

有人说种子是世界上力气最大的植物。生理学家和解剖学家有一次要把人的头盖骨打开做个实验,可是它坚固得让人难以想象,用了许多办法都没能将其完整地分开。后来,有个做豆芽生意的人建议把一些植物的种子放到那个头盖骨里,然后把温度、湿度都调节好,让种子发芽。结果,意想不到的事情发生了:那些不起眼的种子竟然完整地将人的头盖骨分成了两块。

谈到力气大,我们总会自然地想到各种凶猛的动物,从没把这些微小的植物种子放在眼里。可是相对于它的体积，它的力量却是世界无敌的。这种力是一般人看不见的生命力。它能屈能伸，富有韧性，虽身处逆境，但不达目的不罢休。因为生命是带着斗志来到这个世界上的，这就是种子精神——在逆境中，也要不断让自己成长、成熟，直至成功。

在芸芸众生中，我们每个人都是一粒看似微不足道的种子，当我们在某个不期而至的瞬间降临到人世上时，你除了不断挑战生活，其他的选择都显得索然无味。也许你有幸天生就拥有一个优良的生活环境，生于温室里，有人造的太阳光的抚慰。但大部分人都没那么幸运，都是夹在石缝里艰难地生长的。但在你破石而出的那一刻，你是否意识到，这是一次战胜逆境的结束，也是挑战另一个逆境的开始，是你尽快走向成熟的一个小小的台阶。

WED 走泥泞的路，才能留下清晰的脚印

成功总跟在苦难的后面。生活原本如此，只有走过雨天，才能在彩虹下回望自己一路走过而留下的脚印。

人生的道路从来都是不平坦的，有辉煌的高峰，也有失落的低谷。我们的生活中充斥着各种可能与不可能的选择，每一个选择都是一段心路历程。卓越者习惯对自己说“我能行”，他们敢于迎难而上、不避风险，即使面前困难重重，但只要有坚定的信念支撑，他们永远抱有成功的希望。在苦难面前仍能高昂起自己的头，不惧怕、不躲闪，这是强者的姿态，他们深深地懂得，成功的辉煌要用苦难来衬托才更显美丽。

“在战场上时就要勇敢无畏，失败时就要从头再来，胜利时要宽容敌人，和平时就要与人交善。”这是英国首相丘吉尔的一句名言，说的就是面对顺境和逆境时优秀的人应该具有的态度。当你走在平坦大道上，不浮躁轻狂；当面对逆境，亦不可一蹶不振。苦难是检验天才的试金石，贝多芬的作品流芳百世，与他人生中所经历的苦难不无关系，因为只有泥泞的路才能留下脚印。

鉴真是妇孺皆知的得道高僧，他刚刚剃度遁入空门时，寺里的住持让他做了寺里谁都不愿做的行脚僧。

有一天，日已三竿了，鉴真依旧大睡不起。住持很奇怪，推开鉴真的房门，见床边堆了一大堆破破烂烂的芒鞋。住持叫醒鉴真问：“你今天不外出化缘，堆这么一堆破芒鞋做什么？”

鉴真打了个哈欠说：“别人一年一双芒鞋都穿不破，我刚剃度一年多，就穿烂了这么多双鞋子，我是不是该为庙里节省些鞋子？”

住持一听就明白了，微微一笑说：“昨天夜里落了一场雨，你随我到寺前的路上走走看看吧。”

寺前是一个黄土坡，由于刚下过雨，路面泥泞不堪。

住持拍着鉴真的肩膀说：“你是愿意做一天和尚撞一天钟，还是想做一个能光大佛法的名僧？”

鉴真说：“我当然希望能光大佛法，做一代名僧。”

住持捻须一笑：“你昨天是否在这条路上走过？”鉴真说：“当然。”

住持问：“你能找到自己的脚印吗？”

鉴真十分不解地说：“昨天这条路又平坦又硬，小僧哪能找到自己的脚印？”

住持又笑笑说：“今天我们在这路上走一遭，你能找到你的脚印吗？”

鉴真说：“当然能了。”

住持听了，微笑着拍拍鉴真的肩说：“泥泞的路才能留下脚印，世上芸芸众生莫不如此啊。那些一生碌碌无为的人，不经风、不沐雨，没有起，也没有伏，就像一双脚踩在又平坦又硬的大路上，脚步抬起，什么也没有留下。而那些经风沐雨的人，他们在苦难中跋涉不停，就像一双脚行走在泥泞里，他们走远了，但脚印却印证着他们行走的价值。”

听完，鉴真惭愧地低下了头。

哲人说，成功总跟在苦难的后面。选择泥泞的路才能留下脚印，不经历风雨，没有起伏的人总想在一片坦途上行走，终究不会有任何的收获。

在面对苦难的时候不退缩，有“扼住命运的咽喉”的信念，就会迎来人生的辉煌。在人生的路上，每一件发生在我们身上的事都可能是一次绝佳的机会。因此，即使遇到失败，我们也要学会转个弯，把失败作为成功的起点。

任何人在没有经历过磨难之前，都不会有所作为。在忍耐、坚持、战胜磨难的经历中，你逐渐成长。也只有在无数次的磨难中，在坚持与放弃的岔路口学会选择，你才能走向成熟。有些人低头了，于是他成了彻底的失败者，他不知道自己错过了“柳暗花明”之后的“又一村”。有些人坚信“这都会过去”，于是他笑到了最后。生活原本如此，只有走过雨天，才能在彩虹下回望自己留下的一路脚印。

古希腊有一位国王，要求智者苏菲找出一句人间最有哲理的箴言，这句话必须浓缩了人生智慧且能够一语惊人，能让人无论在什么情况下，都能保持一颗平常心，得意但不忘形，失意但不伤神。

苏菲只沉思了一下，就答应了国王，条件是国王要将佩戴的那枚戒指赐予他。几天之后，智者苏菲就将戒指还给了国王，并再三叮嘱他，不到万不得已，别轻易取出戒指上镶嵌的宝石，否则它就不灵验了。

没过多久，邻国大举入侵，国王亲自率领部下拼死抵抗，然而寡不敌众，最终整个城邦沦陷于敌手，国王只得逃亡。有一天，国王在河边的茅草丛中掬水解渴时，猛然看到自己的倒影，不禁伤心起来——当初那个气宇轩昂、威风凛凛的国王,现在变成了蓬头垢面、衣衫褴褛的乞丐模样,这怎能不让人感到难过呢?国王越想越伤心,后来竟双手掩面想要投河自尽。这时他想到了那枚戒指,于是急忙抠下了上面的宝石,只见宝石里侧刻着一句话——这都会过去!

看到这句话,国王的心头重新燃起了希望的火花。这有什么大不了的,这一切终究都会过去的。从此,他忍辱负重,重新召集部下并东山再起,最终赶走了外敌,夺回了国家。当他重返王宫后,第一件事就是将"这都会过去"这五个字镌刻在象征着王位的宝座上。后来,这位国王无论再遇到什么事情,都能妥善处理。据说,他在临终前特意留下遗嘱:死后,他的双手要空空地露出灵柩之外,以此向世人昭示那句五字箴言。

人生在世,没有什么事情是永恒不变的。身处顺境时,要学会珍惜和感恩;身处逆境时,要学会坚强和等待。人要充满希望地生活下去,要不断提醒自己,这都会过去。这是老国王留给子民和后世的箴言。

尼采说:"命运啊!请你让开,我充满信心地走过来了。"这是对生命中那些困苦的蔑视,他不相信命运,充满信心地走自己的人生之路。年轻的我们涉世未深,在人生的各个转折点上,更容易迷失方向。选择去尝试、坚持,勇敢地面对未知的磨难,优秀的人从来都相信自己,他们深知:泥泞的路才能有脚印。

THU 接受所谓的不幸，期盼生活的彩虹

每个人都是被上帝咬过的苹果，之所以咬你更深，是因为独爱你的芬芳。

有人说，活着就是一种莫大的幸福。拥有如此胸怀的人，定是经过无数大风大浪后，坦然面对命运的智者。也许你早已意识到，在生活中，许多事情总不会按照我们预想的方式发展，许多不期而遇的磨难，给予强者坚实的臂膀，而给予弱者的，则是无限的畏惧与退缩。逆境可以磨炼人的能力，逆境可以磨炼人的毅力，逆境可以使人坚强，逆境可以使人成长。吃得苦中苦，方为人上人。乐观的人，把生活中一切不幸与磨难看做一笔财富，他们以洒脱的心情，看待上天给予的恩赐，把这样的财富，一笔又一笔，积蓄在人生的银行里，让自己的人生储蓄更为丰厚。

没有一个人不希望自己的一生能活得绚烂多彩，同时也无风无浪，事事顺利。但这本身就是一种矛盾。不要抱怨生活中的不幸不断出现，不要慨叹你的生活总是出现逆境，所有的苦难不会打倒一个强者，只会让他更坚强。

我们要告诉自己：任何现象的发生，都有它一定的原因。在紧急的情况下我们无法追究原因，也无暇追究原因，唯有面对它、改善它，才是最直接、最要紧的。也就是说，遇到任何困难、艰辛、不平的情况，都不要逃避，因为逃避不能解决问题，只有用我们的智慧和勇气把责任担负起来，才能真正从困扰的问题中获得解脱。

日本的船井先生大学毕业后，曾在几家公司工作过。由于他秉性倔强，经

常和上司产生矛盾，最后便毅然离去。

船井先生充满自信而且有着卓越的才能，因而开始独立创业。但是，他主办的经营研究班开课后也没有人来听。后来他才深切体会到，别人依据的是招牌而不是个人实力。接着，他结了婚，有了孩子，却突然发生了妻子撒手而去的惨剧，抱着还在吃奶的孩子，他绝望了，感到自己已无路可走。

过了一段时间，他又有缘再婚，在开朗大度的妻子的支持下，研究班在流通行业中重新开始拓展市场。针对当时刚刚崭露头角的超市等流通行业，船井先生开始着手使其正规化的顾问工作，终于取得了连战连捷的战果。

不可否认，正是最初所有的不幸造就了今天船井先生的崛起，不惧生活的磨难，失败了站起来，所有的不幸只是五彩缤纷的生活中的一种颜色，对于用心生活的人来说，它只会是轻描淡写的一笔，而不会是人生的主旋律。

当不幸偶然侵袭，一味悲伤是改变不了现状的，一切都不可能再复原，与其一味悲伤导致第二次不幸，不如振奋精神，转换思路，积极向前开拓自己的人生。除此之外没有其他更好的可以改变现状的办法。

《我希望能看见》一书的作家波纪儿·戴儿在书中这样写道：我只有一只眼睛，而眼睛上还满是疤痕，只能透过眼睛左边的一个小洞去看。看书的时候必须把书本拿得很贴近脸，而且不得不把我那一只眼睛尽量地往左边斜过去……

然而，尽管生活如此困苦，但波纪儿·戴儿却始终不肯接受别人的怜悯，更不愿意让别人认为她“异于常人”。

小时候，波纪儿·戴儿想和别的小孩子一起玩跳房子，可是她看不见地上所画的白线，只好在别的小孩子都回家以后，自己趴在地上用眼睛仔细地瞄来瞄去，从而尽量地把小朋友们所玩过的每一个地儿都牢牢地记在心里，很快她也就成为玩跳房子游戏的好手了。

在家里看书，波纪儿·戴儿把印着大字的书靠近自己的脸，以至于眼睫毛都要碰到书本了。正是凭着一股子顽强的拼搏劲儿，她先后获得了明尼苏达州立大学的学士学位和哥伦比亚大学的硕士学位。

在波纪儿·戴儿52岁的时候，一个奇迹发生了：在著名的梅育诊所施行一次手术之后，她的视力比以前恢复了40倍，一个全新的、可爱的、令人兴奋的美丽世界终于展现在了她的眼前。

波纪儿·戴儿像个小孩子一样不停地手舞足蹈，她发现：即使是在厨房里的水龙头下洗刷碗筷，也让自己特别开心。波纪儿·戴儿这样写道：我开始玩着洗碗盆里的肥皂泡沫，我把手伸进去，抓起了一大把的肥皂泡沫，我把它们迎着太阳举起来，可以清楚地看见：在每一个肥皂泡沫中，竟然都有一道小小的彩虹在闪耀着明丽的色彩……

对于心中满怀希望，对人生有着美好憧憬的人来说，不幸在他眼里只是前行路途中的一粒粒小小的石子，偶然被踩到脚下，只是微微发硬，抬起脚，向前迈一步，一切都将成为过去。

FRI 坚强的信念，是生命最强的支柱

坚强的信念如生命之花在枯萎之际遇到的那一滴甘露，有它在，这朵花儿便不会凋零；它亦如一缕微风，有它在，便能唤起生命的滚滚春潮，解冻生命的万水千山。

人生有三大支柱：亲情、友情、爱情。然而，当有一天最爱我们的亲人突然离去，最值得信赖的朋友突然背弃了我们，最在乎的人也与我们分道扬镳，生命

的大厦在风雨飘摇中岌岌可危时,我们该怎么办?别绝望,朋友,只要有信念与我们为伴,生命中就不曾有过绝望的身影。坚强的信念是生命里那根最强的支柱,只要我们不丢掉它,生命的大厦就有免于倒塌和重建的可能!

坚强的信念是生命的最强支柱,在于当"黑云压城城欲摧"之际,是它给予我们继续生存下去的理由;在于当我们身陷绝望山谷之时,是它给予我们从绝望中寻找希望的勇气和力量。

人活一世,总不会一帆风顺,坎坷与荆棘,是生活这盘大餐的配料,给予它更多的滋味,而这些磨难拼凑起来,就成了从地狱走向天堂的阶梯,也成就了你坚强的品质。经受一次磨难的洗礼,当战胜它之后,这个天梯就会增高一节,你也就会站得更高,看得更远。

有人说,只有磨难才能造就人才。磨难是刀,它剜人心,让人心如刀绞;磨难是石,它磨人意志,让人心如磐石;磨难是福,它是难得的财富,令你人生阅历丰富。在与磨难的抗争中坚持不懈,自始至终拥有坚强的信念,当目标的蜡烛燃烧到最后的时候,燃尽的是阻碍,闪烁的是成功的光芒。

杰克是一个普通的邮差,他始终坚信邮递员的职责不仅是向人们传递信件,更重要的是传递快乐。于是,每次出发前,他都要在自己的口袋里塞上一些纸条,上面写有许多鼓舞人心的话,诸如"微笑是最好的礼物""忘记忧愁吧"…… 这使得他虽身处平凡的工作岗位却收获了人们回馈给他的快乐。

转眼"二战"爆发,他也想象年轻人一样奔赴战场,但由于年龄较大而被拒绝。他就申请到一家战地医院工作,救助那些伤员。由于战斗很激烈,很多伤员因抢救无效而死。看着医院里死亡的人数越来越多,杰克痛心疾首,在医院的墙上写下了"没有一个人会死!"这句话。

开始时,人们看到这条醒目的标语都很反感,因为每天死亡的人数还是有增无减,谁的心里都很悲痛和烦躁。但杰克却不以为然。说来也奇怪,不久医院救活的伤员越来越多,最终医院的死亡人数实现了零。那些伤员们的家属兴奋之余都很好奇，最后医院的院长向人们透漏了秘密，答案就是杰克的那句话。院长说正是因为那句话，所有的医生和护士都以坚定的信念和平静的思绪，给予伤员最奋力的救助和最细心的照料，最终取得了令他们自己都难以置信的效果。

“没有一个人会死”，当这种形影相随的暗示被演绎为坚定的信念时，便铸成了所向披靡的利剑。没有治不了的病，没有救不活的伤员，医院前后的变化正说明了一切事情可能或不可能做到完全取决于我们的信念。

坚强的信念如生命之花在枯萎之际遇到的那一滴甘露，有它在，这朵花儿便不会凋零；它亦如一缕微风，有它在，便能唤起生命的滚滚春潮，解冻生命的万水千山。“古今成大事者，不唯有超世之才，亦必有坚忍不拔之志。”坚强的信念，还往往是成功者的特别之处。

在一次新闻发布会上，一位拳击冠军向人们讲述了他的夺冠经历：

我第一次与人对打，是在18岁的时候，身高只有1.60米，而对手却是一个身高1.80米的30岁大汉。说心里话，当我跳上台去的时候，心想自己是绝对不可能打败他的。

果然，拳击开始后，对手的拳头又快又狠，几下子就把我打得满脸是血，没有还手之力，只有招架之功。

中场休息的时候，我劝自己干脆放弃得了，明知道自己打不过人家，如果硬要拿鸡蛋去碰石头，不是找死又是什么？但教练却一个劲儿地鼓励我：“相信自己，你一定能够打败他的，只要努力坚持下去就可以了……”

教练的话深深地激励着我。再次上场的时候，我把自己整个儿地豁出去了，任凭对手的拳头雨点般地落在身上，我的脑子里只有一个念头：努力坚持下去。于是也开始了疯狂地反击。

慢慢地，我迷糊了，只觉得对手就是一团模糊的黑影，在我的面前来回地晃

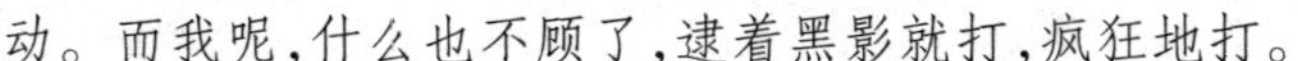

动。而我呢，什么也不顾了，逮着黑影就打，疯狂地打。

终于，对面的黑影不见了。迷糊中，只觉得又有一个黑影奔过来，一把拉起我的手高高举起来，欢呼着："赢了……"

我这才回过神来，发现对手早已经趴在了地上。

从此之后，我就牢牢地记住了教练对我说过的话："只要努力坚持下去就可以了……"

在现实生活中，磨难就是你需要搏击的一个强劲对手，你是被他威慑、打倒，还是勇敢坚定地击退他，这将决定你人生的高度。一个人，只要精神不减、意志不衰、信念不倒，肉体也就不会倒下。即使是处于非常恶劣的困境，但只要你自己不放弃，而是继续努力地坚持着，那么最后的胜利就一定会属于你。

想拥有幸福的生活、成功的体验，我们就不能惧怕磨难，不能缺少坚定的信念。你要知道，困难会在不同的时间，光临每一个人。生活中，你不会是最倒霉、最糟糕的那一个。遇到为难的事，遇到看似天塌下来的困难，你只需要以这件事为起点，坚定从头再来的信念，即使是山重水复又如何，总有柳暗花明又一村的时候。

"文王拘而演周易，仲尼厄而作春秋；屈原放逐，乃赋离骚；左丘失明，厥有国语……"纵览历史，每一个伟人都拥有一颗坚不可摧的心。"让生命的暴风骤雨来得更猛烈些吧！"这是强者的呼唤，这是意志的呐喊。没有人能把你打倒，除非你自己！

SAT 不被模糊的远方羁绊，做好每天最重要的事

人生的时间、精力极其有限，想让有限的时间、精力造就人生最大的成功，就必须要拣对成功价值最大的事情去做。

很多人慨叹一生如白驹过隙，在睁眼与闭眼之间，就走到了尽头。垂垂暮年的老者无力再去改变自己的生活，在那个苍老的身躯中，那颗心即使依然会时而异常跳动，但这种冲动就像汹涌的大浪一样，来得凶猛，消失得也迅速。

一生的时间有多长，有人说是一辈子，也有人说只是一天。

一位曾经到阿拉斯加拜访过爱斯基摩人的作家，回来之后向人们讲述了他在那里的一个见闻：

“永远不要问爱斯基摩人他多大了。如果你问的话，他们会对你说：‘我不知道，我也不在乎。’再追问下去，他们就会说：‘不到一天大！’爱斯基摩人相信，到了晚上入睡的时候，他们就死了。但在第二天的清晨醒来时，他们又重新复活过来，获得新生。因此，没有一个爱斯基摩人能活过‘一天’！也正因为如此，每一个爱斯基摩人的面容都不带忧愁和焦虑，他们快快乐乐地过着自己的每一个‘一天’。”

“不到一天大！”这并不是爱斯基摩人的一句玩笑话，仔细地回味这种“不到一天大”的心态与理念，你的心中一定会增添一份深刻的崇敬，甚至还感受到了一种莫大的震撼。

把每一天都当做一辈子来过，我们才会万分珍惜宝贵的一天的每一分、每

一秒时光。把每一天都当做一辈子来过，那么，谁还会有时间去挥霍、去做些无用功呢？

人生的时间、精力极其有限，想让有限的时间、精力造就人生最大的成功，就必须要拣对成功价值最大的事情去做。也就是说，我们每天都要有清晰的目标可以追求。

目标不在远，不在多，而在于清晰有力，能给人以强烈的指引。目标对于成功者，犹如空气对生命，不可缺少。没有目标就没有成功，没有空气就不能生存。设定明确的目标，是所有成就的出发点，98%的人之所以失败，就在于他们从来没有设定明确的目标，并且也从来没有踏出他的第一步。有了明确的目标，并针对这一目标付诸行动，成功的希望便会青睐于你。

1871年的春天，英国医学院的学生威廉斯勒不明白应该怎么处理远大的理想和具体的身边小事，一个人应该有怎么样的做事态度才能成功。他的老师的一句话让他眼前一亮："最重要的，就是不要去看远方模糊的，而要做手边最具体的事情。"他这才恍然大悟：是啊，不论多么远大的理想，都需要一步步实现啊；不论多么浩大的工程，都需要一砖一瓦垒起来啊。

也就是从那一天开始，威廉斯勒开始埋头读书，两年以后，威廉斯勒以全校最优异的成绩毕业。毕业后他来到一家医院做医生。他认真对待每一个患者，对每一次出诊都一丝不苟。兢兢业业的态度和精益求精的精神，使他很快成了当地的名医。几年以后，他创办了约翰·霍普金斯学院。他把自己的人生态度贯彻到每一个细节里。许多专家学者慕名来到他的学院工作，使他的学院很快成为英国乃至世界最知名的医学院。威廉斯勒总是告诉他身边的人：最重要的是把你手边的事情做好，这就足够了。

每天都能做好手边的事，有几个人能够做到？在现实生活中，有些人并不是好高骛远，在生活的重压下，眼前的一点点收获和利益不足以满足他们那颗强烈追求的心。于是，他们的眼光变得很长远，长远到遥不可及但却异常渴望。不知不觉，高不成低不就成了他们的习惯，在对生活的憧憬中，偶然有一天他们低头发现，原来自己的每一天都荒废了，都在原地的小小的圈子里踏步，远走的是心，而不是自己的脚步。

给自己一个清晰而合理的目标，在较短的时间内、正常的努力幅度下，它是高高地踮脚就能够到的，这样的目标才会对你的人生有推进的作用。而那些看似远大，只能当做谈资而最终束之高阁的理想，对于它的过分追求，最终只是一种妄想。

哲人说，生活中的坎坷多是由自己、由心造就的。你之所以迷茫，甚至跌倒，多是因为你没有看清自己。清楚地认清自己的实力，选择一条适合自己走的路。每天积累一点点，成功就会更快降临。但你要知道，成功的尺度不是做了多少工作，而是做出了怎样的成果。确立了目标并坚定地“咬住”目标的人，才是最有力量的人。目标始终如一的人，能抛除一切杂念，聚积所有的力量，全力以赴地向目标挺进。把你需要做的事想象成是一大排抽屉中的一个小抽屉，你的工作只是每天拉开一个抽屉，令人满意地完成抽屉内的工作，然后将抽屉推回去。不要总想着所有的抽屉，而要将精力集中于你已经打开的那个抽屉。一旦你把一个抽屉推回去了，就不要再去想它了。

用心把一天中最重要的那件事做好，执著地追求，你就会发现，你所有的行动都会带领你朝着这个目标迈进。在激烈的竞争中，如果你能做好一天中最重要、最清楚的事情，成功的机会将大大增加。

SUN 学会思考，向卓越者迈进

思考具有一种神奇的力量，它可以开启心灵，激励生命。人生离不开思考，思考是生命运动的一部分。

在生活的重压之下，每个人都渴望早日成就一番大事业。走在成功的队伍前面的人，他们懂得成绩的取得不仅仅来自强烈的渴望和积极的行动，更来源于思考、想法。

人人都追求成功，思考是成功的第一级台阶。思考可以作为武器摧毁自己，也能作为利器，开创一片充满智慧、无限快乐的人生新天地。学会思考，是我们向卓越迈进的第一步。哲人说，思考是精神的往下扎根，是灵魂与自己的论辩性谈话。科学家说，思考是大脑逻辑思维的体现。当思考能力最终作用于人的行为，就会成就一个人的事业。

生活中的某些人在生活的重压下机械地生活，缺乏思考的自主性、主动性。低头做事成了他们人生的座右铭。殊不知，思考并不是科学家、发明家和伟人的专利，普通人同样有思考的权利和能力。激进者说，人的成就首先是“想”出来的，只有正确思考，并积极采取行动，才能干出一番成绩来。每一个追求成功的人，几乎都能意识到：思考是打开成功大门的钥匙。

面对一件困难的事，失败者会说：这件事情太难了，我无法办到。反之，成功者会说：这个问题我会仔细考虑的。日积月累，成功者积累了许多的工作经验，面对每一件看似不可能做到的事情，成功者都会应付自如。而选择逃避的失败者一次次地失去了尝试的信心与勇气。可见，良好的思维方式与做事情的积极态度是成功者走向卓越的重要因素。

当我们面对困难的事情时，首先，我们必须学会思考。其次，不要忘了提醒自己：这种思考方式科学吗？

1965年，一位韩国学生到剑桥大学主修心理学。在喝下午茶的时候，他常到学校的咖啡厅或茶座听一些成功人士聊天。这些成功人士包括诺贝尔奖获得者，医学、物理、化学等领域的学术权威和一些创造了经济神话的人。这些人幽默风趣，举重若轻，把自己的成功都看得非常自然和顺理成章。他一直在思考，原来不是所有的人都有艰辛的创业历程，他甚至怀疑，他被一些成功人士欺骗了。那些人为了让正在创业的人知难而退，普遍把自己的创业艰辛夸大了，也就是说，他们在用自己的成功经历吓唬那些还没有取得成功的人。

作为学心理学的学生而言，他认为很有必要对韩国成功人士的心态加以研究。1970年，他把《成功并不像你想象的那么难》作为毕业论文，提交给现代经济心理学的创始人威尔·布雷登教授。布雷登教授很高兴这位学生以此作为研究对象，因为在此之前还没有任何人涉足这个领域。

这本书鼓舞了许多人，因为他们从一个新的思维角度告诉人们，只要你对某一项事业感兴趣，愿意积极思考，一切皆有可能；而如果你只是接受现实，不从问题的另外一面思考，那么成功可能就与你失之交臂。后来，这位善于思考的青年获得了成功，他就是韩国著名企业泛亚集团的总裁。

这位韩国大学生从一个新的角度思考问题，打破了人们的传统观念，更为重要的是他敢于挑战权威，颠覆了人们的固有观念。他以自己的智慧和勇气将无比困难的事情变成可能的结果。

所以，我们在日常生活中要学会从崭新的角度来看问题，也许我们的想法很幼稚，很不成熟，有点不切合实际，但是又有谁能够说我们永远都不能按我们自己的想法去做呢？因为，思考的力量有多大，自己的舞台就有多大，相信思考的力量，总有一天你会克服困难，将当初人们认为的“不可能”变成现实中的成功。当然，我们为了取得更好的效果，思考一定要全面，思维一定要缜密，而且不能让情绪成为思考的主宰者。

美国化学家利特尔诺非就是因为在行动之前的思考，才避免做了一件错事。他单独经营工业化学企业几年之后，企业亏损严重，他觉得自己的前途暗淡，于是认定自己不适合这个行业，他觉得以后再也没有做这个行业的可能了。当他这样决定的时候，从前聘用他的老板来了，他想把自己的想法告诉他。

他们来到了一个俱乐部，点了几盘好菜和以前的老板喝起酒来，然后他们随便交谈，谈得很愉快，以至于他把烦恼都抛在脑后了。就这样，他们吃了一顿很愉快的晚餐。

吃了一顿丰盛的晚饭，再经过一整晚好好的睡眠，清晨醒来在新鲜的空气中走一走，他发现自己当初的决定是多么的愚蠢。

第二天他依旧回到实验室，从那天以后，他更加执著于自己所从事的事业。从这次经历之后，他就断定无论任何人，当他们处于困难中的时候，不可以决定什么事情。因为在这种情况下，你的精神和自信心都会降低，而你的判断力也会处于变化之中而变得不可靠。因为，这个时候你是戴着有色的眼镜来看世界的。

假如利特尔诺非在情绪的干扰之下作出决定，失去冷静、缜密的思考能力，也许我们就失去了一个伟大的化学家。他以为自己没有可能再从事化学工作，可是恰恰是他老板的到来冲淡了他的想法。等到他冷静下来思考，发现自己当初选择放弃化学是多么不明智的行动。

思考具有一种神奇的力量，它可以开启心灵，激励生命。人生离不开思考，思考是生命运动的一部分。当我们面对人生中的困难时，我们不可以轻言放弃，因为我们可以用思考来改变现状。

第6章

给生活一个支点，让自己亮在暗处

Be Kind To Yourself Everyday

生命本身就是一种对心灵的涤荡，到今天为止，你拥有的想法和你选择的心态，造就了现在的你；从今以后，你拥有的想法和选择的心态，将造就一个未来的你。

世间最坚韧，也最脆弱的，都是一个人的心。打造心灵的韧度，扩展人生的张力，在给予心坚强的注解的同时，我们引吭高歌，笑看庭前的花开花落，醉眼蒙眬欣赏天上的云卷云舒。这是一种生活情趣，忍受孤独，在□徨失意中修养自己的心灵。如蚌之含砂，在痛苦中孕育璀璨的明珠。这是一种生活的姿态，不管怎样，都让心先启航，并不时地加入欢笑跳动的因子。要知道，一个人一旦失去内心的激情，就意味着损伤了灵魂。

MON 人生需要选择，更要懂得放弃

人生就像在演戏，每个人都是自己的导演，只有学会选择和懂得放弃的人才能创作出精彩的电影，才能拥有海阔天空的人生境界。

有人说，人的一生，只有一件事不能选择——就是自己的出身。其他一切命运，都是自己选择的结果。人生就像是一份试卷，它有大量的选择题，不可不选而且还不以分数计算。有时，A 或 B 你都不想放弃，但它却是一道单选题，所以你必须要有所选择和放弃。这时就要求我们冷静地思考，仔细地斟酌，最后再选出自己认为可能正确的答案。

古人有云："知人者智，自知者明。"所谓"自知"，意指正确认识和评价自身的实力与局限，正确选择力所能及之职。选择一个自己可能成功的方向，这样做起事来才能充满希望，也能使自己的潜力得到最大的发挥，从而达到事半功倍的效果。

古今中外很多取得巨大成功的人，都是睿智地选择了一个自己可能达到的目标，毅然决然地放弃了不适合自己的方向，然后克服了重重的困难最终走向了成功。

出生在英国伦敦贫民窟里的卓别林拥有一个十分悲惨的童年。就在卓别林 10 岁那年，父亲终因酗酒过度而身亡。小卓别林为了挣钱养家，先后做过杂货店的帮工、诊所里的佣人、书店里的伙计、印刷厂的徒工。

当母亲被送进疯人院后，11 岁的卓别林就失去了家，他只能流浪街头，靠乞

讨和卖艺为生。但卓别林的梦想是当一名演员，于是他放弃乞讨和卖艺所赚取的收入，放弃了这种不用努力工作也能活命的生活，即使生活困苦不堪，他也没有后悔过。因为，他始终认为那是一条不可能实现自己梦想的道路，为了一个不可能而继续走下去，他的人生也将会永远悲惨下去。

他选择了做一名演员，那才是他真正的梦想。但是，这对于一个流浪儿来说，可以想象是多么艰难。就在别人认为不可能的情况下，经过卓别林的不懈努力，他从自身的经历和体验中创造了有人格、有灵魂的流浪汉这个形象，最终成为了全球闻名的喜剧明星。

卓别林选择了自己的梦想，并且经过他的努力以及自身特有的流浪汉的经历使这个梦想成真。他放弃了自己那种“不劳而获”的生活方式，放弃了通过博取同情和给人取笑轻而易举就能换取的收入，他选择了一个自己可能实现的理想，最终也选择了成功。

“不可能”是凡人的障碍，却是伟人的阶梯。所有伟大的成就在普通人的眼里都有一个共同的标签：“不可能！”而“不可能”的背面却写着：“没有什么是不可能的。”只要我们能够正确地认清自己，选择一个可能成功的方向继续前进，就一定能找到我们人生真正的出口。

没有选择，你的人生就是没有航标的小船，毫无目的地随波逐流。但是生活中仅仅学会了选择是远远不够的，你还要懂得放弃。选择是人生成功路上的指南针，学会如何运用它，你才不会迷失方向。放弃是智者对生活正确的选择，懂得怎样运用它，你才能更快地到达目的地。

巴尔扎克说：“在人生的大风浪中，我们常常学船长的样子，在狂风暴雨之下把笨重的货物扔掉，以减轻船的重量。”这就告诉我们，在权衡了自身能力的情况下，我们应果断地选择一个“可能”实现的理想与目标，勇往直前。

其实，人生就像在演戏，每个人都是自己的导演，只有学会选择和懂得放弃的人才能创作出精彩的电影，才能拥有海阔天空的人生境界。

一个小女孩来到沙滩上捡拾美丽的贝壳，没用多久，她手里已经满是贝壳，妈妈对女儿说："不要捡得太快，慢慢来，先把手中的贝壳放下，放在一边，等会你会捡到更美的贝壳。"小女孩的母亲想以此来告诉她：她要舍弃更多，不管她愿不愿意。

在我们的思维定式中，总以为一味坚持会让我们收获更多，所以对于放弃我们根本不加考虑。对坚持的情有独钟，把不轻易放弃作为固定的人生哲学，作为成功的唯一途径。因此，有很多人在面临抉择的时候总是不懂取舍，结果也因此而赔了夫人又折兵。

生命更沉重的负荷来源于哪里？归根结底还在于一种不愿舍弃的心理。我们总会听到身处职场的人经常抱怨："累啊，累啊！"可他们就是舍不得放下压得自己喘不过气来的肩头重担，以为这样走到尽头才会是收获，才能获得生命的享受。殊不知中途有人承载不了负荷而被压倒，失去了寻找快乐的心，再也起不来了。

"塞翁失马，焉知非福"是一种乐观、豁达的心态，是一种勇于放弃的智慧。放弃是顾全大局的果敢和胆识，是一种量力而行的睿智和远见。面对人生，我们是自己的导演，只有学会选择和懂得放弃才能彻悟人生，才能拥有海阔天空的人生境界。

TUE 让心先到达，一切皆有可能

生活中有很多事情看似不可更改和不可实现，在许多时候是事物给我们的错觉，我们被迷惑了。

在这个世界上，一些人成功了，轰轰烈烈；一些人却失败了，平平庸庸。究其失败的原因，并不是他们缺少智慧，也不是缺少机会，而是因为他们在通往成功的大道上，在突如其来的障碍面前丧失了坚持下去的勇气和信心，因为他们认为目标遥不可及，理想是不可能实现的。这样的心态使他们在到达成功的彼岸之前，黯然离去……

非凡与平庸的最大区别并不是在于身体的强健与否，而在于人的思想正确与否，人的心智清明与否。我们对世界的认知，以及感悟大自然的精神能量，使你有能力为自己而创造美丽新世界。面对一座高山，让我们疲惫的往往不是遥远的路途，而是我们认为“不可能”到达的心态。

一位哲人曾经说过：“你的态度决定你的高度。”你用什么样的态度去对待某件事，其结果也会像你的态度一样。生活中许多事情的成败，并不是事情本身的困难大小决定的，而是由我们的心态决定的。如果你认为某件事情你觉得不可能办成，那么你就会失去尝试的勇气和动力，它也就真的变得不可实现了。如果你觉得某件事你可能做到，你能够通过自己的努力接近目标，在你勇于尝试之后，也许它真的就实现了。

曾经有位学者在一所小学里做过一个著名的实验。

新学年开始的第一天，这位学者让校长把三位教师叫进办公室，对他们说："我这几天查看了你们过去的教学档案和成绩，认为你们是本校最优秀的老师。因此，我们特意挑选了100名全校最聪明的学生组成三个班让你们教。这些学生的聪明才智比其他孩子都高，希望你们能把他们带出来，让他们取得更好的成绩。"三位老师都高兴地表示一定尽力。校长又叮嘱他们，对待这些孩子要像对待其他学生一样，不要让孩子或孩子的家长知道他们是被特意挑选出来的，老师们都答应了。

一学年之后，这三个班学生的成绩果然名列整个学区的前茅。这时，校长告诉了三位老师真相：这些学生并不是刻意选出的最聪明的学生，而是随机抽调的。三位老师跌破眼镜，他们没想到会是这样，于是就都认为是因为他们的教学的功劳。没想到，更让这三位老师想不到的是，这时校长又告诉了他们另一个真相，那就是，他们三位也不是被特意挑选出的全校最优秀的教师，也不过是随机抽调的普通老师罢了。

故事中的这三位教师都认为自己是最优秀的，并且所带的学生又都是最聪明的，他们投入全部的信心和精力用于教学活动，对教学工作前所未有的热情使得他们工作起来非常卖力，取得好成绩也就成了理所当然的事情。

做任何事情，最怕的是对自己没信心，否定自己的能力，当面临一些挑战时，便以为自己做不了，结果当然是一事无成。反之，如果做事情之前充分地肯定自己，对自己充满信心，坚定地对自己说"我能，我行"，那么即使是一些以前从未做过的事情也能完成得很完美，甚至能创造奇迹。

不要随便否定自己，告诉自己，无论前方的路有多遥远、多崎岖，都能到达。要正确面对失败与挫折，认真总结经验教训，永不气馁。失败了并不可怕，可怕的是我们失败后不能采取一种正确的心态和行动。失败是每个人在前行路上必经的坎坷，不要因为一两次小小的失败就怀疑自己，看轻自己，否定自己。

在非洲中部地区干旱的大草原上，有一种体形肥胖的巨蜂。巨蜂的翅膀非常小，脖子也很粗短。但是这种蜂在非洲大草原上能够连续飞行250公里，飞行高度也是一般蜂类所不能及的。它们非常聪明，平时藏在岩石缝隙或者草丛里，一旦有了食物立即振翅飞起；尤其是当它们发现这一地区即将面临极度干旱的时候，它们就会成群结队地迅速逃离，向着水草丰美的地方飞行。

这种强健的蜂被科学家称为“非洲蜂”，但科学家们对这种蜂却充满了好奇。因为根据生物学的理论，这种蜂体形臃肿而翅膀却非常短小，在能够飞行的物种当中，它们的飞行条件是最差的，从飞行的先天条件来说，它们甚至连鸡、鸭都不如；从流体力学来分析，它们的身体和翅膀的比例根本是不能够起飞的；即使人们用力把它们扔到天空去，它们的翅膀也不可能产生承载肥胖身体的浮力，会立刻掉下来摔死。

但事实却是，非洲蜂不仅能飞，而且是飞行队伍里最为强、最有耐力、飞得最远的物种之一。

哲学家们对此给出了合理的解释：非洲蜂天资低劣，但它们必须生存，而且只有学会长途飞行的本领，才能够在气候恶劣的非洲大草原活下去。简单地说，若是非洲蜂不能飞行，它就只有死路一条。

什么叫“置之死地而后生”？非洲蜂给出了很好的回答。非洲蜂更让我们相信，在一个执著顽强的生命里，没有什么叫做“不可能”。

让心先到达，不管是因环境所迫还是自己发自内心地积极主动，只要有一颗认为一切都可能实现的心，坚信脚永远比路长，取得理想的成就只是时间和机遇问题。

世上无难事，只怕有心人。有“心”就是要怀有一颗“可能”之心，世间并没有真正意义上的障碍，有的只是不同的选择、不同的心态。

有“可能”的态度，选择“可能”就等于给自己一个敢于超越自我的机会，从某种意义上说，也是鼓舞自己向生命高地冲锋的一个机会，给自己一张出类拔

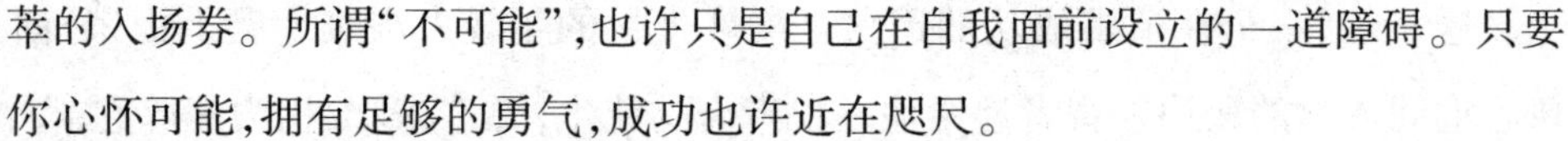

萃的入场券。所谓“不可能”，也许只是自己在自我面前设立的一道障碍。只要你心怀可能，拥有足够的勇气，成功也许近在咫尺。

生活中有很多事情看似不可能更改和不可能实现，在许多时候是事物给我们的错觉，我们被迷惑了。生命本身就是神奇的，每一个人的身上都蕴藏着无数的奇迹。

WED 心若在，梦想就永远存在

在不断求索的过程中，因为我们年轻，我们怀有希望，失败并不会成为一件可怕的事情。年轻没有失败，失败了从头再来。

人生的路途千万条，每一条都有荆棘为伴。坚强者一往无前，无所畏惧，而失败者逡巡不前，最终选择寻找更为平坦的路。殊不知，艰苦的环境不一定就是人生的不幸，相反还会成为磨砺人生的砥石。

在现实生活中，当你看着别人走进成功的大门，享受功成名就的祝福时，你还在门外徘徊。只有你自己清楚，你的内心也是那样渴望成功，你也无数次在夜深人静的时候思考怎样实现自己的理想，怎样成功。但你却又让无数的失望将你打败，让无数的困难将你绊倒，于是你落在平庸人的队伍中。

生命如此短暂，你甘心让它在无为中消逝吗？充分地肯定自己，拥有一颗坚强的心，拥有对成功的强烈渴望，跌倒时不沮丧，失败时不气馁，你很快就会迎来明媚的彩虹。

从前，在一座高山上的古庙里，生活着一位人人敬仰的智者。

这一天，一个在追求成功的道路上屡屡失意的年轻人艰难地爬上山来，向智者询问成功的秘诀。智者递给他一粒带壳的花生，说："来吧，用力捏碎它。"

只稍稍用了一点儿力，年轻人就把花生捏开了，饱满圆润的花生米一下子就蹦了出来。

但是，智者却微微一笑，叫他再用力去搓花生米。年轻人也照着办了，搓下红色的花生皮儿，只留下了白白的果实。

智者再叫他用力去捏。年轻人甚是迷惑不解，但还是照着做了。但他不论如何用力，却怎么也捏不碎这粒花生仁。

这个时候，智者才语重心长地告诉年轻人："虽然屡屡遭受打击与磨难，也失去了很多东西，但始终都要拥有一颗坚强不屈的心，只有这样才会有梦想成真的希望啊！"

失败和挫折是铸造强者的最好的磨具。只有经历过不幸、挫折、失败和痛苦的磨炼，努力打造心灵的韧度，把不幸和命运握在自己手中，才能在生活中做到宠辱不惊、镇定自若，在面对突发情况时临危不惧、冷静处之；才能使自己始终保持积极而平和的心态，不偏不倚、不疾不缓地朝着既定目标前行。

如果你的产业被大火付之一炬，在废墟中，你是否有勇气高唱：从头再来！东北的一位女士这样做了。

小刘自己创办了一家小企业，效益还算不错。但天灾让她瞬间一无所有。仅两个多月，一场无情的大火再次把她推入谷底。

那天，一阵急促的电话铃声把小刘惊醒："经理不好了，厂子着火了！"小刘眼前一黑，跌跌撞撞地跑出家门。距离工厂不远时，已经看到翻滚的黑烟直冲天空。她走入工厂，看到整个厂房都烧塌架了，工人们拿着水桶、脸盆还在救火，满身焦黑。在东北这个最寒冷的早晨，她无声地哭了。马上要交给客户的货都烧没了。但她更担心自己的工人，她让工人都站出来，挨个点名，得知都安然无恙后，她吁出一口长气。

站在一片焦黑的瓦砾中，她沉思良久，走到工人面前，深深鞠了一躬，高声说："厂子和货都烧没了，现在如果有人想走，每人发二百元钱天亮就可以走。如果大家能留下来，我一定不会让大家失望的。一年后的今天，我为大家举行庆功会！"

工人们半晌没有吱声，这时不知是谁带着哭音唱了起来：心若在，梦就在，天地间还有真爱，看成败，人生豪迈，只不过是从头再来……是啊，这是为他们经理的行动唱的。她用行动唱了最动听的《重新再来》。18天后，人们看到工厂奇迹般浴火重生了。而且由于她很好的人际关系，工厂很快恢复了运转。

一个人一时的失败是在所难免的事情，其并不可羞、可悲，但如果不敢正视失败，一辈子活在畏惧失败的阴影里，那你永远也不能抬起头来。

在不断求索的过程中，因为我们年轻，我们怀有希望，失败并不会成为一件可怕的事情。如果你在失败后不敢再次尝试，在现实的苦难中变得越发软弱，你心甘情愿地停留在现有的状态，平淡的生活会磨去你对美好的生活的向往。

一分耕耘，一分收获，这是再浅显不过的道理。而只有真正用心付出，用心努力的人，才能拥有更多的收获。努力去做，就算是这次失败了也不要灰心，记住一句话："年轻没有失败，失败了从头再来。"

THU 我只看我所有的，不看我没有的

如果你的眼里充满对生活的希冀，即使在命运的玩笑中也能高昂着头，跨过心灵的绊马索，不断地充实自己和超越自己。

在竞争的环境中成长起来的我们，在比、学、赶、帮、超的同时，也不经意地多了些复杂的心理。很多人容易嫉妒，相反，也有那么一小部分人容易自卑。在竞争的路上不断比较，在得与失的笑与悲之中，有些人逐渐失去了最初的目标，失去了真实的自我。

有竞争，就有成功和失败。特别是在生活压力越来越沉重的今天，每一点小小的收获，每一步小小的成功，对我们都很重要，让你不敢轻易松手和做出其他选择。也正是因为过于看重获得的利益，害怕失去，以至于让很多人逐渐畏怯去选择看似更好的机遇，因此他们的人生在此停滞不前。

更有甚者，在某一次不幸成为竞争的失败者或淘汰者后，他们就失去了再一次站起来的能力和勇气。从此，自卑和胆怯占据了他的内心，在希冀成功的到来时，多少没了些底气。

其实，成功的机会对于每个人都是公平的，关键看我们如何对待它。只有克服畏怯和自卑感，在可能成功时充分相信自己，才能将成功紧紧地攥在我们的手心里。面对一件将去做的事不要考虑过多，甩开自卑，抛去畏怯，相信自己，勇敢地迈出第一步，你的命运或许就此改变。

在现实生活中，畏怯和自卑感往往会让一个人与成功的机会失之交臂，抱憾终生。害怕与陌生人交谈，害怕在大庭广众之下发表自己的观点，害怕与别

人不一样……渐渐地，我们消失在大众的眼中，躲在角落里为心中的那份理想默默地努力奋斗着。

俗话说，金无足赤，人无完人。既然如此，何必因为自卑或缺乏自信而抹杀了你所有的“闪光点”呢？每个人都具备走向成功的条件，但是具备成功者心态的人却不多。而只有看到自己所拥有的，不自卑于自己所没有的，才能跻身于成功者的行列。

这是一场特殊的演讲会，她站在台上，双手不规律地在空中挥舞着；她的嘴张着，偶尔也会咿咿唔唔地说些什么。可以说她是一个不会说话的人，但是她的听力很好，只要有人说出她的意思，她就会激动得歪歪斜斜地向他走来，送给他一张她自己制作的明信片。

她是一位自小就患脑性麻痹的病人。脑性麻痹在夺去她肢体的平衡感的同时，也夺走了她发声讲话的能力。从小，肢体的残疾给她的生活带来了诸多不便，众人异样的眼光更是令她难堪。然而她并没有让这些外在的痛苦击败她内在奋斗的精神，接受命运造成的既定事实，她并不自卑，更不畏怯，充分相信自己在艺术方面的天赋，经过常人难以想象的努力，终于获得了加州大学艺术博士学位。

一个学生小声地问她，“请问黄博士，你怎么看待自己的残疾？你都没有怨恨吗？”“我怎么看自己？”她在黑板上写下这几个字，她写字时有股力透纸背的气势。写完这个问题，她回头看看发问的同学，然后嫣然一笑，又龙飞凤舞地写了起来：

①我很可爱！

②我的腿很长、很美！

③爸爸妈妈很爱我！

④我会画画！

⑤我会写稿！

⑥还有……

……

她接着在黑板上写到，“我只看我所有的，不看我没有的。”

掌声由学生群中响起，她倾斜着身子站在台上，满足的笑容，从她的嘴角荡漾开来，有一种永远也不被击败的傲然，写在她脸上。她就是黄美廉。

很少人的生活是残酷的，很少人像黄美廉这样身体残疾。但能像她这样坚强自信的人却不多。面对自身的缺陷，她没有感到自卑；面对生活中的重重困难，她没有畏怯。她以一种永远也不被击败的傲然姿态面对生活。

“我只看我所有的，不看我没有的。”多么掷地有声的一句话。哲人说，上帝是公平的，给谁的都不会太多。关键是你怎样看待自己的一生和命运。

从前，有两个小孩子，一个叫赛迪，他很聪明，学什么东西一点就通，因此颇为骄傲；另一个叫迈克，有些笨，一直都在用功，却很难进入前几名，于是就显得自卑了。不过，迈克的母亲却总是鼓励他：“如果你总是以别人的成绩来对照自己，那你始终也不过是一个‘追逐者’。有时候，虽然奔驰的骏马在起初的时候呼啸在前，但最终抵达目的地的，却往往是那些充满耐心和毅力的骆驼。”

慢慢地，赛迪和迈克都长大了，但奇怪的是：以聪明自诩的赛迪，一生业绩平平；而有些笨的迈克，尽量在各个方面充实自己，一点一点地超越自我，最终成就了非凡的业绩。这就使得赛迪愤愤不平，以至于很快就郁郁而终了。

赛迪的灵魂随风飞到了天堂，他气呼呼地质问上帝：“你也知道的，我的聪明才智远远超过了迈克，应该比他更伟大，可为什么你却让他成为人间的卓越者呢？”

上帝笑了，说：“可怜的赛迪啊，你到死都没有弄明白：我在把每个人送到人间之前，就已经在他生命的‘褡裢’里放了一件相同的东西，这就是世人常说的‘聪明’。只不过，我把你的聪明放在了‘褡裢’的前面，所以你看到自己的聪明之后就开始骄傲自大起来，以至于贻误了你的一生；至于迈克，我把他的聪明放在了‘褡裢’的后面，他因为看不到自己的聪明，也就只有一个劲儿地仰头看着前方了，所以他一生都在不停地迈步向前，最后取得非凡的成就也在所难免了！”

在生活中，不管我们遇到什么事情，你都要坚信，任何一个人，都有着自己独特的秉性和天赋，也都有着自己实现人生价值的切入点和突破口。如果你只能看到眼前的优势，因此而沾沾自喜，从而束缚了手脚，那你很可能就无法取得更大的突破。反之，如果你的眼里充满对生活的希冀，即使在命运的玩笑中也能高昂着头，跨过心灵的绊马索，不断地充实自己和超越自己。

FRI 完美不能苛求，但可以无限接近

“没有最好，只有更好”，这是强者追求完美生活的宣言。

列夫·托尔斯泰说过：“人类的信仰在于自强不息地追求完美。”完美与平凡都是人类的特质，也是人类的追求，然而这两者听上去天壤之别，实际上却分不出哪个更重要。有的人追求完美，却披着平凡的外衣活着；有些人向往平凡，却登上了写满了完美的人生舞台。

现实生活中的大多数人都生得平凡、活得平凡，即使有些人具有追求完美，实现价值的心，但多数也都在看到成功的曙光之前不自觉地选择了放弃。完美的生活离我们到底有多远？衣食住行的基本消费都已经压得我们喘不过气来，其他的追求似乎只能被束之高阁，把其奉在曲高和寡的地位了。

人的一生有多长呢？有人说是一辈子，有人说是几十年。不管我们的生命

在这个世界上能存在多久，我们都无法避免地要面对一些成长中的问题。在成长中我们思考着自己的人生，感悟着这个世界的万千变化。就在不知不觉中，白发已经爬上了我们的鬓颊，成熟的脚步悄然走到了我们的身前。无暇思索青春的放荡不羁与年华的白驹过隙，这时的我们不再为了自己而生存，更多的是为了我们的家人。清风系不住流云，要走的终究要走，要来的也终究会到来。在面对生命的奄奄一息时，那时我们的人生已无力再强颜欢笑。

世界上不存在完美无瑕的事物，人生也是如此。追求完美，不仅往往难以实现，还会让自己身心疲惫。但是，如果没有努力向完美靠近的态度，没有怀着“我要做得更好”的信心，也很难企及成功。

著名的伯爵表公司的理念是：“永远要做得比要求的更好”。成功学家陈安之则说：“要永远做得比要求的更多，更好。”

在美国西雅图的一所著名教堂里，有一位德高望重的牧师。有一天，他向教会学校一个班的学生们讲了下面这个故事：

有一位画家，举办过大大小小十几次的个人画展，也参加过上百次的集体画展。但无论参观者多少、有没有获奖，他的脸上总是挂着开心的微笑。

于是，有记者问他：“你为什么天天都这么开心呢？”

没想到，他微笑着反问起记者来了：“我为什么要不开心呢？”而后，他对记者讲了自己儿时经历过的一件事情：

我小的时候，兴趣非常广泛，画画、拉手风琴、游泳、打篮球，样样都想学，还都想得第一。这当然是不可能的了。于是，我整天闷闷不乐，学习成绩也开始一点一点地下滑。

父亲知道了，但他没有责骂我，只是找来一个小漏斗和一捧玉米种子，告诉我说：“看好了，我要给你做一个试验。”父亲让我双手放在漏斗下面接着，然后捏起一粒玉米种子投到漏斗里面。“哗啦”，玉米种子顺着漏斗落到了我的手心里。父亲投了十几次，我的手中也就有了十几粒玉米种子。然后，父亲抓起满满一大把的玉米种子丢到了漏斗里面。那么多的玉米种子相互挤压着，竟然一粒也没有掉下来。

最后，父亲意味深长地对我说道："这个漏斗代表你，如果你想把所有的事情都挤到一块儿来做，结果往往连一粒种子也收获不到，假如你每天都能做好一件事情，那么每天你就会有一粒种子的收获和快乐。每天都如此，你的人生就会在积攒快乐中日臻完美。"

一个人活在这个世界上，平平庸庸是一生，轰轰烈烈也是一生。为什么平庸者是大多数，卓越者却寥寥无几呢？因为他们缺少不断追求完美生活的心态。

每个人都有极大的潜能。正如心理学家所指出的，一般人的潜能只开发了2%~8%，像爱因斯坦那样伟大的科学家，也只开发了12%左右。一个人如果开发了50%的潜能，就可以背诵400本教科书，可以学完十几所大学的课程，还可以掌握二十多种语言。这就是说，我们还有90%左右的潜能还处于沉睡状态。谁要想出类拔萃、创造奇迹，仅仅做到尽力而为还远远不够，必须竭尽全力才行。努力向更高、更远的目标迈进，才有可能获得更大的成功。

生活中，我们常常满足于现状，接受已经不错的情况和境遇；工作中，安于稳定的收入和不错的职位，没有想过自己的工作是否可以做得更好一些，自己是否应该去追求更完美的生活。

其实，只要你把目标定得高一些，对自己的要求更高一点，做到最好并不难。你想要得到什么样的生活，你才会努力去追求那样的生活。

"没有最好，只有更好"，这是强者追求完美生活的宣言。我们追求更好、更完美，最重要的不是是否能真正得到最完美的结果，那样毕竟是非常难得的，而是我们拥有这种永不满足、永远积极进取、积极向上的努力的态度。

苛求完美是一种死板心理，而追求完美则是一种积极的态度，人生永远不能放弃对完美生活的追求，因为只要你懂得努力、寻求方法，你就可以无限地接近梦想中的完美生活！

SAT 给生活一个支点，让自己亮在暗处

给人生一个支点，给生活一个位置，找到属于你的那一条起跑线，做一个勇敢奔跑的人，你会发现，你的生活中会拥有更多的闪光点。

我们经常说“在其位，谋其政”，处于什么身份、位置的人，在最适合自己的领域施展拳脚，才不至于四处碰壁。古往今来，有多少能人志士感叹：“时运不济，命运多舛。”又有无数英雄豪杰慨叹：“英雄无用武之地。”但是，他们没有发现，自己只是一味固守着属于自己的一方净土。没有转换思想，展示自己，走出那不属于自己的舞台。

现如今的我们时常感叹自己无人欣赏，埋没人才一词经常挂在嘴边。要知道，“千里马常有而伯乐不常有”。与其整天怨天尤人，不如寻求突破，做自己的伯乐。

看到同自己一起长大、一起上学的人逐渐飞黄腾达、锦衣玉食，闲暇时开着私家车去郊游、购物，还在为下月房租奔忙的你是否也慨叹命运的不公呢？“他上学时成绩不如我，人缘也不如我，如今挣钱却是我的好几倍。真不公平啊！”这些牢骚的话，你是否也经常将它挂在嘴边呢？

不需去嫉贤妒能、抱怨再三，是金子总有发亮的时候，但就怕那金子在明亮的日光灯下不愿动换，最终毫无光芒可言。一个人能否成功，从某种程度上来说，取决于对自己的评价，这种评价有一个通俗的名词——定位。在心中你给

自己的定位是什么，你就是什么，因为定位能决定人生，定位能改变一个人的命运。

有人说，“人放对了地方是天才，放错了地方就是垃圾。”为了使自己充分发展，给自己的人生找一个闪亮的位置，给生活找一个坚强的支点是至关重要的。记住：在很大程度上，你可以掌握自己的命运，展现自己的价值！

一个乞丐站在地铁出口卖钥匙链，一名商人路过，向乞丐面前的杯子里投入几枚硬币，匆匆而去。

过了一会儿，商人回来取钥匙链，说：“对不起，我忘了拿钥匙链，因为你我毕竟都是商人。”

几年后，这位商人参加一场高级酒会，遇见了一位衣冠楚楚的老板向他敬酒致谢，并告知说：“我就是当初卖钥匙链的那位乞丐。”他的生活的改变，得益于商人的那句话。

乞丐也可以成为卓越的商人，你甘心做一个乞丐，你就是乞丐，当你把商人的宝座放在自己的屁股下，你就是商人。它会强迫你具有商人的头脑和心态，从假模假式到用心钻研再到驾轻就熟，这是一个顺其自然的蜕变的过程。

不过，我们还应该认识到，就算你给自己定位了，如果定位不切实际，也不会取得成功。因此，你一定要记住，在给自己定位时，有一条原则不能变，即你无论做什么，都要选择你最擅长的。只有找准自己最擅长的，才能最大限度地发挥自己的潜能，调动自己身上一切可以调动的因素，并把自己的优势发挥得淋漓尽致，从而获得成功。

生活中，很多年轻人对自己的长处认识得还不够充分。例如，善于待人接物的人并不认为他们的特长与别人有什么区别；口才出众的人也不一定会想到这可是自己身上的一个长处。而许多成就卓著的人士，他们的成功首先得益于他们充分了解自己的长处，根据自己的特长来进行定位或者重新定位，最终找准了真正属于自己的行业，让自己在最合适的地方闪闪发光。

比尔供职于一家拥有数千名员工的大公司。在这么大的公司中，像他这样的普通员工多如牛毛，比尔一直为自己得不到提拔和重用而懊恼。

一天晚上加班，他的主管让他到地下仓储室去取一件东西，刚走进门，突然停电了。他摸摸身上的打火机，可惜没有找到。如果返回35层的办公室取应急灯或者蜡烛，又浪费时间，主管还着急要呢！正当他一筹莫展的时候，他身上的手机响了起来，伴随着悦耳的铃声，一片光亮在偌大的仓储室里漫溢开来。比尔一拍脑袋，马上有了办法。尽管白天或者在有光亮时这个手机的屏幕光不是很明显，甚至由于习惯了都没感觉到它的光亮，可是在这黑暗的地下室里，手机屏幕上的光却非常耀眼。借助它的光亮，比尔在货物堆里找到了他要的东西，及时地交给了主管。

比尔从这件事上获得了灵感。他在当晚的日记里写道：星星悬挂于月亮旁边，当然无法让人看到其光芒。如果懂得如何把自己放在一个恰当的位置上，让自己亮在暗处，原来微弱的光就会特别耀眼。

过了几天，比尔就向其主管辞职，加盟了一个只有几十人的小公司，并从市场部的一个小职员开始做起。因为他在原先那家大公司里积累了丰富的工作经验，自己又有不俗的实力，不久就被提升为项目部主任。后来，他又从主任的位置升任项目部经理。然而，他没有在这个位置上久留，就又从这家公司跳槽到了另一家更适合他的公司，并逐渐做到了经理的位置。最后，比尔成了一家跨国大公司的董事长。别人在问他的成功经验时，他是这么说的："一个人要成功，必须找准个人能力和职业的最佳结合点，找准自己的位置。"

一个人越早找到最适合自己的位置，就越能够以最快的速度取得成功。如果你坚信自己是金子，能迸发出耀眼的光芒，但你现在却终日郁郁寡欢，被众多的无足轻重的琐事缠身而无法自拔，那么，请你看一下自己是不是站在了"暗处”。你要知道，同样是一块金子，你把它放在阳光底下和放在屋子里，它发出的光亮是截然不同的。

人生有诸多的选择，让我们最为困惑的不是选择走哪条路，而是当走在某条路上时，我们不知道、不肯定我们的脚走在了最光明的路上，我们依然会时不时地顾盼其他路途上的旅客，用他们走过的每一个脚印的深浅和自身比较，用他们所暂时得到的耀眼的荣誉、利益和自己相斟酌。你会发现，在他们中间，你不是生活得最好的一个，但你总也不是最差的一个。生命就像是一次赛跑，在生活诸多的跑道上，你不必去顾忌你是占据了内道还是外道，只要你选择一个适合自己的赛跑项目，用心去起跑，其到达终点的距离是一样长的。

给人生一个支点，给生活一个位置，找到属于你的那一条起跑线，做一个勇敢奔跑的人，你会发现，你的生活中会拥有更多的闪光点。

SUN 看清自己的价值，给予心进取的方向

人活于世，每个人都有自己的价值，都是独一无二的，切不可因为在某方面逊色于别人就失去自我。

曾听过这样一个故事：

有一天，国王心血来潮，到花园里散步。当他看到花园里面的景象时，不禁吃了一惊！过去绿意盎然、花团簇锦的花园，竟然变得无比荒凉。于是，国王疑惑地询问园丁，究竟发生了什么事，花园怎么会变成这样。

园丁说：“我尊敬的国王啊！这是因为橡树认为它比不过松树的高大，所以

死了；松树因为比不过葡萄秧能结果子，所以也死了；而葡萄秧因为不能像橡树一样直立，因此也死了；至于其他的植物花卉，也都是因为各有比较而死去了。最终，花园因此而渐渐荒凉了。”

忽然间，国王发现花园里的草仍然生机蓬勃，不免又好奇地问园丁：

“为何其他的植物都枯死了，只有这一片草地仍然绿意盎然呢？”

园丁微笑着说道：“这是因为小草们并不想成为松树、橡树、葡萄秧或者其他植物，它们知道自己的价值是什么，所以也只想做它们自己而已。因为这样的想法，所以，它们自然就生机蓬勃，绿意盎然！”

每个人都想做高大的树木，都想攀升到高处，感受一览众山小的感觉。但生活的现实，却总会让你处于一个劣势地位，跟别人相比，自己的日子过得捉襟见肘。于是就有许多人觉得自己一无是处、毫无建树，一生都会如此庸庸碌碌。

殊不知，每个人都具有世界上独一无二的价值，没有任何人、事、物能够取代我们，也没有任何人、事、物能够贬低我们，除非我们自己看轻自己、自己贬损自己。

人活着就应该善待自己，在低潮时给予自己鼓励。在人生的旅程中，我们无法避免诸多的挫折，但是不管那些无情的打击如何使我们痛苦、受伤、难堪，我们都不应该忘记自身的价值，更不应该妄自菲薄。

有一个出家弟子跑去请教一位很有智慧的师父，他跟在师父的身边，天天问同样的问题：“师父啊，什么是人生真正的价值？”问得师父烦透了。

有一天，师父从房间拿出一块石头，对他说：“你把这块石头，拿到市场去卖，但不要真的卖掉，只要有人出价就好了，看看市场的人，出多少钱买这块石头。”

弟子就带着石头到市场，有的人说这块石头很大，很好看，就出价两元钱；有人说这块石头，可以做秤砣，出价十元钱。结果大家七嘴八舌，最高也只出到十元钱。弟子很开心地回去，告诉师父：“这块没用的石头，还可以卖到十元钱，真该把它卖了。”

师父说：“先不要卖，再把它拿去黄金市场卖卖看，也不要真的卖掉。”

弟子就把这石头拿去黄金市场卖，一开始就有人出价一千元钱，第二个人出一万元钱，最后被出到十万元钱。

弟子兴冲冲跑回去，向师父报告这不可思议的结果。

师父对他说："把石头拿去最贵、最高级的珠宝商场去估价。"

弟子就去了。第一个人开价就是十万元钱，但他不卖，于是二十万元钱，三十万元钱，一直加到后来对方生气了，要他自己出价。他对买家说，师父不许他卖，就把石头带了回去，并对师父说："这块石头居然被出价到数十万元钱。"

师父说："是呀！我现在不能教你人生的价值，因为你一直在用市场的眼光看待你的人生。人生的价值，应该是一个人心中，先有了最好的珠宝商的眼光，才可以看到真正的人生价值。"

每个人都有属于自己的独特的价值，善待自己的人，懂得自身价值的大小，绝不在于别人的评价，而是在于我们给自己的定价。

坚持自己崇高的价值，接纳自己，磨砺自己。给自己成长的空间，每个人都能成为"无价之宝"。

黏土在天才的手中变成了堡垒，柏树在天才的手中变成了殿堂，羊毛在天才的手中变成了袈裟。如果黏土、柏树、羊毛经过人的创造，可以成百上千倍地提高自身的价值，那么你为什么不能使自己身价百倍呢？

哲人说，我们的命运如同一颗麦粒，有着三种不同的道路。麦粒可能被装进麻袋，堆在货架上，等着喂给家畜；也可能被磨成面粉，做成面包；还可能播种在土壤里，让它生长，直到金黄色的麦穗上结出很多颗麦粒。人和一颗麦粒唯一的不同在于：麦粒无法选择是变得腐烂还是做成面包，或是种植生长。而我们有选择的自由，有行动的自由，更有心的自由。我们不该让生命腐烂，也不会让它在失败、绝望的岩石下磨碎，任人摆布。

善待自己的人知道，每个人都是一座宝藏，重视自己的价值，并不断开发和提升它，平庸的人生就不会属于自己。

第 7 章

年轻挥洒汗水，感谢折磨你的人

Be Kind To Yourself Everyday

身处于繁杂的社会中，虽然我们总想活得简单、公平、平静，但结果却总是事与愿违。很多人把自己的快乐和成就过多地寄托在别人的身上，有时太顾及别人的喜怒哀乐，因而让自己忧心忡忡、焦头烂额；有时太奢望别人的帮助与扶持，让心更加绵软，让脚更加无力，不断地丢失自我，也削减了快乐。

人生只属于自己，一味遵循他人的思想，不敢面对真理是懦弱的表现，这样的人生是一种悲哀，我们应该成为主宰自己生命的人。亨利曾经说过："我是命运的主人，我主宰我的心灵。"只要你按照自己的禀赋发展自己，掌控自己，努力寻找快乐，不断地摆脱心灵的羁绊，你就不会湮没在他人的光辉里，而是让自己更加主动，更加灿烂夺目。

MON 把握自己，掌握生活中的平衡术

没有人可以得到这世间所有的美好，能够自由掌控自己，把握自己心态的人，最终才最易获得幸福。

相互攀比的心理在每个人的心中都存在，即使你拥有豁达的胸怀，只要你是一个积极进取的人，这种好胜之心就会让你在跟别人的比较中，或多或少地失去平稳的心态，失去本来的自我。

在这个浮躁的社会中，能够把握好自己心态的人，就不必在乎他人的财富胜我多少、才气高我几许。因为人与人不仅仅有差别，而且有时是有天壤之别的。能够明白“人比人，气死人”，就会洒脱许多，开心许多，轻松许多。这的确不失为生活中的一大平衡术。

各人的成长环境不同，天资不同，在若干年后，术业有专攻的局面必然呈现，用自己的长项和别人的弱项比，顿觉优越感十足；而看到别人的某个方面比自己强，自己无法企及，就失魂落魄、垂头丧气，这样人未免活得太累了。一个人心里的平衡就这样轻易地被打破，哪还有安宁和快乐可言？

一天，一位自认为才高八斗的穷酸诗人乘船过江。当船划到江的三分之一处时，这位诗人突然诗兴大发，面对滔滔江水吟起诗来，几首过后甚觉无趣，因为没有人能够欣赏他的诗。于是他问船夫：“船夫，你懂不懂得诗词之美啊？”

船夫摇摇头说：“我哪懂得诗呀！我只会划船！”穷酸诗人叹了一口气：“唉！连诗歌都不懂，你真是是个大老粗。”船夫对这带有歧视意味的话，丝毫没有

理睬。

船走到江中间的时候，穷酸诗人拿出一只笛子吹了起来，并陶醉在自己的旋律之中。一曲完毕，穷酸诗人又问船夫：“船夫先生呀！你不懂得欣赏诗句，那你总该懂得欣赏丝竹之美吧？”船夫摇摇头说：“我哪懂得音乐啊！我一生只会划船！”穷酸诗人更加不屑地说：“不懂得欣赏音乐，你的生活真是枯燥乏味，活着还有什么意思啊。”

突然间，天空中乌云密布，下起大雨，江水暴涨，眼看就要把船给打翻了。船夫跑到船头准备跳下水，这时，他回头问穷酸诗人：“秀才先生，那你会不会游泳呢？”穷酸诗人说：“我这一生饱读诗书，欣赏音乐，哪有时间学习游泳呢？”船夫说：“那很抱歉，不懂诗书和音乐，我没觉得我的人生缺少快乐，但你此时不懂游泳，恐怕你的人生即将全部失去了。”说完，船夫就跳进了江里。

可想而知，可怜的诗人会落得一个什么样的下场。船夫面对诗人诸多带有羞辱性的话语，依然面不改色，情绪毫无异样，这说明他阅历丰富。光顾炫耀才华的诗人，没有给别人留有口德，最后在危急时刻，空有一身才学，不懂得救生之法，也只能遗憾地了此一生。

不随意贬低别人，也不因为别人的才学而感到自卑。这是诗人没有做到的，却是那个船夫心领神会的。一味想表现自己的人，在你夸耀自己的同时，你的心态就已经失去了平衡，就已开始伤害别人，最终很可能也会伤害自己。

我们常说职业不分贵贱，就像船夫会划船，诗人会作诗一样，各自有各自的本领，不必过分炫耀或羡慕。生活中，我们会听到很多抱怨，什么别人穿得比自己漂亮，吃得比自己讲究，住得比自己舒适之类的。还有乡村的羡慕城市的，钱少的羡慕钱多的，位低的羡慕位高的，权轻的羡慕权重的……

殊不知，比上不足，比下有余。古人云：“他骑骏马我骑驴，仔细思量我不如，回头看见推车汉，上虽不足下有余。”

我无鞋，我痛苦，我却发现无腿的人更痛苦。生活中总有比你更加不幸的

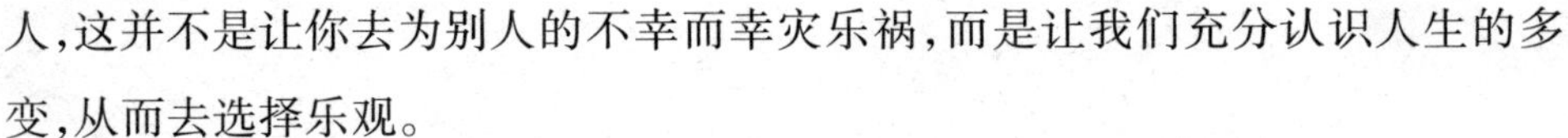

人，这并不是让你去为别人的不幸而幸灾乐祸，而是让我们充分认识人生的多变，从而去选择乐观。

仔细想想吧，当你在羡慕或嫉妒别人时，你身边又有多少人在羡慕你有一份酬劳可观的工作或者有一个幸福美满的家庭呢？

曾经在网上看过一个帖子：

北京人说风沙多，内蒙古人就笑了；内蒙古人说他面积大，新疆人就笑了；西藏人说他文物多，陕西人就笑了；陕西人说他革命早，江西人就笑了；江西人说他能吃辣，湖南人就笑了；湖南人说他美女多，四川人就笑了；四川人说他胆子大，东北人就笑了；东北人说他性子直，山东人就笑了；山东人说他经济好，上海人就笑了；上海人说他民工多，广东人就笑了；广东人说他款爷多，香港人就笑了……

虽然这个帖子没有什么深意，只是博君一笑而已。但是这却流露了一种心理：人比人，比得过来吗？天外有天，人外有人，我们只是其中小小的一个，怎么可能处处得到盛誉呢？

再者说，世间不如意事十之八九。每个人的人生道路都不可能平平坦坦，毫无波澜。如果自己都不知足，用些无聊的谈资跟周围的人攀比，伤心、失望恐怕也是在所难免了。

拥有一种知足的心态，不要和别人盲目攀比，世上没有十全十美的事情，也没有十全十美的人，不要过分求全，不要始终拘泥于完美，没有人可以得到这世间所有的美好，能够掌控自己，把握自己心态的人，最终才最易获得幸福。

TUE 学会忍耐，感谢折磨你的人

生活中不管别人怎样对你，重要的不是发生了什么事，而是我们处理它的方法和态度。是羞辱还是尊重，施者与受者可以有不同的感受。

一个老农在暴风雨过后走进田里，看着在风雨后仍然屹立不倒的禾苗，欣慰地点着头。有人好奇地问："禾苗白白死了那么多，你为什么不伤心，反而感到安慰呢?"老农解释道，"狂风暴雨往往摧残禾苗的生长，却也是他们成长中必然要面对的。当这种折磨来临的时候，不也说明他们快速、茁壮地成长的时机来临了吗?"

自然万物如此，推及于人，也具有同样的意味。生活中那些看似刁难你、折磨你的人，往往能够造就你更快地取得成功；看似折磨、煎熬你的环境，却总能历练出最后的强者。所以我们经常听乐观、积极者这样鼓舞世人：感谢折磨你的人。

罗曼·罗丹曾说："只有把抱怨别人和环境的心情，化为上进的力量才是成功的保证。"

内托今年刚从学校毕业，在一场招聘会上，他很走运地被一家石油公司看中。随即被总公司分配到一个海上油田工作。

工作的第一天，工头便要求他，要在限定时间内登上几十米高的钻井架，并将一个包装好的漂亮盒子，送到最顶层的主管手中。他拿着盒子，迅速登上又高又窄的梯子。当他气喘吁吁地登上顶层后，只见主管在盒子上签了自己的名字，又让他送回给工头。他一接到命令，连忙又快速地下了梯子，并把盒子交给工头。但是，没想到工头草草签完名字之后，又原封不动地交给他，要求他再送回去给顶层的主管。年轻人看了看工头，却又不知道要如何发问，只得乖乖地跑上顶层。然而，主管这回同样只是在盒子上签名而已，便又要他送回去。

年轻人就这样来来回回，莫名其妙地上下跑了两次，心里隐约感觉到，这一切似乎是主管与工头在故意刁难他。直到第三次，这个全身都被海水溅湿的年轻人，内心已经充满熊熊怒火，不过他仍然强忍着怒气。当他第三次将盒子送给主管时，主管则说："把它打开。"年轻人将盒子拆开后，里头居然是一罐咖啡与一罐奶精，这次他更可以确定，这是主管与工头在联合起来欺负他。他愤怒地看着主管，但是主管仿佛一点也没感觉似的，接着又对他说："去冲杯咖啡吧！"这个命令一下，年轻人再也忍不住了，用力把盒子摔到海面上，气愤地说："我不干了！"说完之后，他感觉痛快许多，因为一肚子的怒火全部发泄出来了！但是，主管却失望地摇了摇头，并对他说："孩子，你知道刚刚这一切，其实是一种训练啊！这叫作承受极限的训练，因为我们每天都在海上作业，随时都可能会遇到危险，因此，工作人员都必须要有极强的承受力才能够完成海上的作业与任务。"

主管叹了口气说："唉！原本你前面三次都通过了，就差那么一点点，你无缘喝到自己冲泡的咖啡，真是可惜！现在，你可以走了。"

在朝代更替的历史中，那些最终成就霸业的人，都是经受了无数的折磨，忍别人不能忍，最终才登上王位的。这一代的年轻人崇尚个性的张扬，主张活出自己，无拘无束。走上工作岗位，面对更为现实的竞争，主张个性而不懂得隐忍的年轻人，处处碰壁就成了在所难免的事。

对于成熟的人来说，他们不仅具有忍耐的性情，更懂得怀有一颗豁达、包容的心的裨益。凡事心怀感激，即使受到别人的攻击，也不要轻易予以还击。当我们拿花送给别人时，首先闻到花香的是我们自己。当我们抓起泥巴想抛向别人时，首先弄脏的是自己的手。

从前，有一个人喜欢徒步旅行，从莫斯科到波良纳约有200公里，这个旅者经常行走在这条路上。他总是背着一个大背包，沿途与那些流浪的人结伴而行。虽然大家对这位旅者很熟悉，但是，没有一个人知道他的姓名与来历，只知道他是个喜欢徒步的旅者。

走完这段路程，预计要花5天的时间，旅者的食宿都在路上解决，或随便向农家借宿，偶尔他也会走进火车站，到三等车厢的候车室里歇息。有一次，他又准备进入候车室里小歇，但是这时候候车室里挤满了人，于是他便到月台上走走，想等人少以后再进去休息。就在这个时候，旅者忽然听见有人招呼他。原来是车上的一位夫人在叫他："老头儿！老头儿！"旅者连忙转身，看见有人朝他不停地招手，便上前去询问："夫人，请问有什么事吗？"坐在火车上的太太，着急地说："麻烦您，快到洗手间去，我把手提包遗落在那里了！"旅者一听，连忙跑到洗手间寻找，幸好手提包还在，于是他连忙把它拿了出来。那位太太一见，非常开心地说："谢谢您了！这是给您的赏钱。"太太递给了旅者一枚5戈比的铜钱，而旅者也欣然接受。旅者转身准备离去，就在这时，这位太太身边同行的旅伴却问："你知道你把钱给了谁吗？"太太不解地看着她的伙伴，只见她的朋友带着惊喜的口吻说："他是《战争与和平》的作者——托尔斯泰啊！"

"是吗？真的吗？天哪，我在做什么呢？托尔斯泰啊！看在上帝的份儿上，请原谅我的无知，请把那枚铜钱还给我吧！唉，我把它给了您，真是不好意思，哎呀，我的天，我是在做什么呢？"这位太太吃惊地说。旅者听见太太的呼喊声，便转过身，笑着说："您不必感到不安，您没做错任何事，这5戈比，是我自己赚来的，所以我一定要收下！"

火车鸣笛了，开始缓缓启动，虽然那位太太仍内疚地请求归还，然而，托尔斯泰却带着满脸微笑，目送着火车远去。

生活中不管别人怎样对你，重要的不是发生了什么事，而是我们处理它的方法和态度。就像故事中的"5戈比"，是羞辱还是尊重，施者与受者可以有不同的感受。面对那些看似的折磨，有人把自己推向痛苦的深渊，在里面挣扎、哀怨，甚至自暴自弃地用消极的行动惩罚别人，其实是在惩罚自己，让自己一次次沦为情绪的奴隶。

而有些人则不然，他们反而感谢别人给予的考验和折磨，当煎熬、痛苦，甚至是仇恨层出不穷时，他们能把身子转过来面向阳光，不让自己陷身在阴影里，光明使他们看见许多东西，许多积极的东西。就如没有黑夜，便看不到天上闪亮的星辰一样，如果没有这些生活中的苦难，人就很难快速成熟，难以感受到“若无闲事挂心头，便是人生好时节”的惬意。

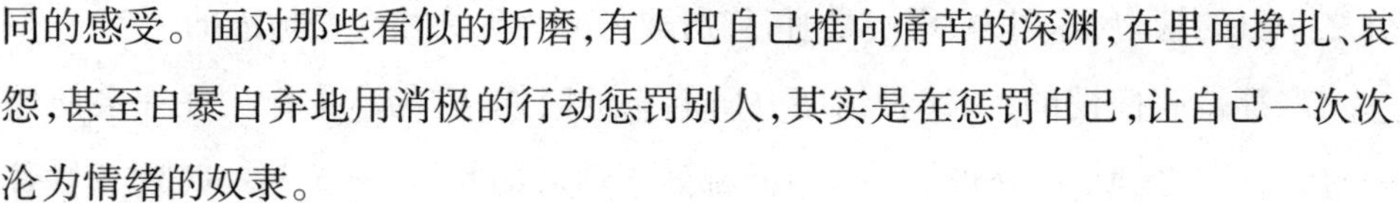

WED 掌控自己，就要事事竭尽全力

这个男孩不假思索地回答道：“我竭尽全力。”16年后，这个男孩成为世界著名软件公司的老板。他就是比尔·盖茨。

有人说，人活在世界上，最难的不是控制别人和命运，而是掌控自己，让自己不被外界干扰，不被情绪、心态等影响而做出不理智，甚至是错误的判断。“假如时光可以倒流，世界上将有一半的人成为伟人。”如果每个人都能重新活过一次，以成熟的、经历了社会检验的阅历重新选择人生，必然会少走不少弯路。也就是说，如果在不可逆转，且唯一一次的生命历程中，如果你能够竭尽全力地拼搏、付出，并做出尽可能多的最为合理的选择，你的人生就最接近圆满。

在职场中流行这样几句话：用力做事，可以把事做完；用脑做事，可以把事情做对；用心做事，才可以把事情做好。当我们对自己目前担负的任务付出百分之一百的精力，并用力、用心之时，你所取得的突破往往会是惊人的。

人都是有惰性的，当这种情绪升腾起来的时候，它的渲染作用往往会使你一整天、一个星期，或是很长一段时间都处于慵懒的状态，直至某一时刻突然警醒，在心底默默告诉自己不能再过这样的生活。于是，你开始新一轮的拼搏和努力。这样的体会，想必很多人都很熟悉。

人生是一个不断奔跑的过程，会冲刺，更要会减速，会工作，当然也要会休息。但这里的休息，并不是说你可以大摇大摆地放纵你的惰性。每天懒惰一点，不能做到日事日清，不能尽可能竭尽全力地完成任务，就无从谈及未来的幸福和成功。殊不知，明天的欣喜来自于今天的积累，放掉了今天，就意味着放走了未来。

几年以前，一个探险队准备攀登马特峰的北峰，在此之前从来没有人到达过那里。记者对这些来自世界各地的探险者进行了采访。一位记者问其中的一名探险者："你打算登上马特峰的北峰吗？"他回答说："我将尽力而为。"记者问另一名探险者："你打算登上马特峰的北峰吗？"这名探险者答道："我会全力以赴。"记者问了第三个探险者同样的问题。他说："我将竭尽全力。"

最后，记者问一位美国青年："你打算登上马特峰的北峰吗？"这个美国青年直视着记者说："我将要登上马特峰的北峰。"结果，只有一个人登上了北峰，就是那个说"我将要"的美国青年。他想象自己到达了北峰，结果他的确做到了。

伟大的成功者跟一般人最大的差别，就在"一定要"与"想要"之间，如果你希望自己的梦想能够成真的话，你就必须有"一定要成功！"的决心。要有竭尽全力为了自己的目标而奋斗的勇气，也只有这样，你才不会感觉奋斗的路程是如此的艰辛。

在美国西雅图的一所著名教堂里，有一位德高望重的牧师——戴尔·泰勒。有一天，他向教会学校一个班的学生们讲了下面这个故事：

那年冬天，猎人带着猎狗去打猎。猎人一枪击中了一只兔子的后腿，受伤的兔子拼命地逃生，猎狗在其后穷追不舍。可是追了一阵子，兔子跑得越来越远了。猎狗知道实在是追不上了，只好悻悻地回到猎人身边。猎人气急败坏地说："你真没用，连一只受伤的兔子都追不到！"

猎狗听了很不服气地辩解道："我已经尽力而为了呀！"

再说兔子带着枪伤成功地逃生回家了，兄弟们都围过来惊讶地问它："那只猎狗很凶呀，你又带了伤，是怎么甩掉它的呢？"

兔子说："它是尽力而为，我是竭尽全力呀！它没追上我，最多挨一顿骂，而我若不竭尽全力地跑，可就没命了呀！"

泰勒牧师讲完故事之后，又向全班同学郑重其事地承诺：谁要是能背出《圣经·马太福音》中第五章到第七章的全部内容，他就邀请谁去西雅图的"太空针"高塔餐厅参加免费聚餐会。

《圣经·马太福音》中第五章到第七章的全部内容有几万字，而且不押韵，要背诵其全文无疑有相当大的难度。尽管参加免费聚餐会是许多学生梦寐以求的事情，但是几乎所有的人都浅尝辄止，望而却步了。

几天后，班中一个11岁的男孩，胸有成竹地站在泰勒牧师的面前，从头到尾地按要求背诵下来，竟然一字不漏，没出一点差错，而且到了最后，简直成了声情并茂的朗诵。

泰勒牧师比别人更清楚，就是在成年的信徒中，能背诵这些篇幅的人也是罕见的，更何况是一个孩子。泰勒牧师在赞叹男孩那惊人的记忆力的同时，不禁好奇地问："你为什么能背下这么长的文字呢？"

这个男孩不假思索地回答："我竭尽全力。"

16年后，这个男孩成了世界著名软件公司的老板，他就是比尔·盖茨。

你的人生决定于你所做的决定，取决于你做事的态度。不管你现在的境遇怎样，命运即将从你决定竭尽全力去奋斗的那一刻起开始改变。

在生活中，并不是大多数人命里注定不能成为大人物，而是他们从来没有具备大人物的做事方法和决心！对于成功者来说，他们不是想要成功，而是一定要成功。他们不是努力尝试，而是竭尽全力获得最好的结果。当你把帽子扔过了墙，让自己没有退路的时候，你的潜能才可以真正被激发出来，之后你所感受到的必将是竭尽全力后的喜悦。

THU 把握前进的方向，胜于丈量成功的距离

方向不当势必牛头马面，选择失误肯定南辕北辙。

在坐标轴的原点，可以延伸出方向和距离这两个变量，它们的关系错综复杂，在读书时就让很多人费解。当我们一个个走出校门，站在社会的原点上时，在这新的坐标系上，映入眼帘的更多的是一片迷雾，那隐约可见的星星点点的亮光叫做机会，而它可以给予我们慰藉。

“一个人只有找到人生的方向，才不会使自己迷失。”这句话我们常听到，针对这句话，有些人提出了这样的疑问：“什么是人生方向”、“我该如何设定人生方向”，也有些人会发出这样的感叹：“究竟离成功还有多远”、“方向与距离孰重孰轻”。

其实，这些问题的答案很简单，其中的道理大家也都再熟悉不过了，只是在生活中人们经常会处于迷茫的状态中，致使自己失去前进的方向。

有一次，在高尔夫球场，成功大师罗曼·V.皮尔在草地边缘把球打进了杂草区。有一个青年刚好在那里清扫落叶，就和他一块儿找球，这时，那青年很犹

豫地说：

“皮尔先生，我想找个时间向你请教。”

当皮尔问他有什么问题时，他说：“我也说不上来，只是想做一些事情，但不知道该往哪里用力。”

“能够具体地说出你想做的事情吗？”皮尔问。

“我自己也不太清楚。我很想做和现在不同、能激发自己全部潜力的事，但是不知道做什么才好。”他显得很困惑。

“原来如此，你想做某些事，但不知道做什么好，也不确定要在什么时候去做。更不知道自己最擅长或喜欢的事是什么。”

听皮尔这样说，他有些不情愿地点头说：“我真是个没有用的人。”

“哪里。你只不过是没有把自己的想法加以整理，缺乏整体构想，缺少一个行动的方向。”

皮尔建议他花两个星期的时间考虑自己的将来，并明确自己的目标，不妨用最简单的文字将它写下来。然后估计何时能顺利实现，得出结论后就写在卡片上，再来找自己。

两个星期以后，那个青年显得有些迫不及待，在皮尔面前出现时至少精神上看来像完全变了一个人似的。这次他带来明确而完整的构想，已经掌握了自己的目标和前进的方向，那就是要成为他现在工作的高尔夫球场的经理。现任经理5年后退休，所以他把达到目标的日期定在5年后。

他在这5年的时间里确实学会了担任经理必备的学识和领导能力。经理的职务一旦空缺，没有一个人是他的竞争对手。

现在他的地位变得十分重要，成为公司不可缺少的人物。现在他过得十分幸福，非常满意自己的人生。

如果你仔细研究，你或许会发现大凡成功人士，都把明确人生方向作为自己努力的推动力。而成功的方法就是，必须明确自己的方向，一个脚印一个脚印地走。

事实证明成功人士与平庸之辈最根本的差别，不在于天赋，也不在于机遇，而在于有无明确的人生方向。历史上无数成功的案例诠释了这一道理，林肯致力于解放黑奴，并因此而成为美国最伟大的总统；海伦·凯勒专注于写作，因此，尽管她双目失明、两耳失聪，但她还是创造了自己人生的辉煌；福烈兹专心于生产利润低微的小酵母饼，结果这种酵母饼畅销全球。这些人的成功无不源于曾经明确的人生方向。

曾经有人做过这样一个实验：组织三组人，让他们分别沿着十公里以外的三个村子步行。

第一组的人不知道村庄的名字，也不知道路程有多远，只知道跟着向导走。刚走了两三公里就有人叫苦，走了一半时有人几乎愤怒了，他们抱怨为什么要走这么远，走到一半时有人甚至坐在路边不愿走了，而越往后走他们的情绪也就越低落。

第二组的人知道村庄的名字和路段，但路边没有里程碑，他们只能凭经验估计行程的时间和距离。走到一半的时候大多数人就想知道他们已经走了多远，比较有经验的人说："大概走了一半的路程。"于是大家又簇拥着向前走，当走到全程的四分之三时，大家情绪低落，觉得疲惫不堪，而路程似乎还很长，当有人说："快到了！"大家又振作起来加快了步伐。

第三组的人不仅知道村子的名字、路程，而且公路上每一公里就有一块里程碑，人们边走边看里程碑，每缩短一公里大家便有一小阵的快乐。行程中他们用歌声和笑声来消除疲劳，情绪一直很高涨，所以很快就到达了目的地。

当人们的行动有了明确的方向性，并且把自己的行动与目标不断加以对照，清楚地知道自己的行进速度与目标的距离时，行动的动机就会得到维持和加强，人就会自觉地克服一切困难，努力实现目标。

方向不当势必牛头马面，选择失误肯定南辕北辙。有了明确的人生方向，才会有希望，才能有梦想，也才能激发潜能，创造卓越的奇迹。

FRI 认清自己，根据兴趣发展优势

每个人都是一块金子，每个人都是一块尚待挖掘的宝藏，就看你是否具有一双慧眼，就看你是否勤奋，能够发现、挖掘出自己的价值，让自己的人生耀眼夺目、与众不同。

很多现实的问题在一个人刚刚步入社会之时就会扑面而来，一时间为了房租、水电费、伙食费奔忙会让很多人失去最初理想的方向，很多人也会为了眼前的既得利益，而放弃发展自己的更好的机会。

钱重要还是自己的发展重要，这个判断对于稍有点理智的人都很容易。每个人都有自己的兴趣，做自己喜欢做的事情，这是每一个人的梦想，同样，按照自己的兴趣爱好去做，最终也会得到一个很好的结果。

上天赋予每个人不同的个性，上天也给了每个人不同的兴趣爱好，可是有些人偏偏忽略了这一点，盲目跟风、无目的地效仿，看到别人成了钢琴家，自己也盲目地学钢琴，看到别人在画画上有所造诣，自己也去跟风，结果却什么都是半途而废，最终都以失败而告终。

其实，每个人都是一块金子，每个人都是一块尚待挖掘的宝藏，就看你是否具有一双慧眼，就看你是否勤奋，能够发现、挖掘出自己的价值，让自己的人生耀眼夺目、与众不同。

《罗密欧与朱丽叶》的剧情让无数人动容，他们那缠绵悱恻的爱情故事让无数读者如痴如醉、潸然泪下。至今回首这部名作，我们还会为莎士比亚的文字

叫好、称赞。莎士比亚是英国伟大的戏剧家和诗人，他用自己毕生的经历为人类留下了37部戏剧，其中至少有15部被公认为世界文学史上的瑰宝。

翻开莎士比亚的人生史册，我们会发现，在他的人生中也出现过抉择，也是在不断挖掘自己的兴趣与价值中成长的。莎士比亚出生在英格兰中部美丽的埃文河畔，7岁时开始自己的读书生涯，可在校期间，他并不喜欢古板的祈祷文，而偏爱一些古罗马作家用拉丁文写的历史故事，尤其到了每年的五月节，更是他一年中最快乐的日子，因为每每这时都会有戏班子演出，他每场演出必到，戏剧班子走到哪里，他就跟到哪里，如痴如醉地观看着每一场精彩的演出，直到戏班离开斯特拉福城为止。

14岁时，莎士比亚离开了学校，开始了他的谋生之路，他到父亲的铺子里做过帮工，在码头做过搬运工，替人家当过导购……但他发现这些都不是自己的兴趣所在，唯独有一次，他意外地在一家剧院找到一份工作，虽然工作很琐碎、普通，主要是替客人看管衣帽，照料有钱的观众上下马车，还有在后台打杂，但这个环境却是他梦寐以求要到的地方。从此，莎士比亚可以真正地接近戏剧了。一有空闲，他就躲在后台静静地观看演员们排练。这里成了他的戏剧学校，这里也孕育了一位名垂青史的戏剧大师。

1592年的新年，对于莎士比亚来说是个难忘的日子，他的剧本《亨利六世》在伦敦最大的三家剧场之一——玫瑰剧场上演，结果一炮打响。很快《理查三世》、《威尼斯商人》、《温莎的风流娘儿们》、《哈姆雷特》、《奥赛罗》、《李尔王》相继上演。悲剧《哈姆雷特》的轰动效应，更使莎士比亚登上了艺术的顶峰。

可以说，莎士比亚是在寻找兴趣、延续兴趣，并且发展自己的兴趣中成长的，他一生都在为自己的兴趣而努力，一生都在为兴趣而拼搏，最终也成就了自己的梦想。

从心理学的角度来说，当一个人在做与自己兴趣有关的事情、从事自己所喜爱的职业时，他的心情是愉悦的，态度是积极的，而且他也很有可能在自己感兴趣的领域里发挥最大的才能，创造出最佳的成绩。莎士比亚难道不是一个成功的例子吗？

不可否认，一个人在事业上取得的成就大小与兴趣是有很大关系的。如果你做自己一直喜欢做的事，你的内心便会充满愉悦与快乐。因为做自己喜欢的事才是幸福的，这样的幸福不用你做任何思想斗争，不用你去考虑任何不必要的琐碎事情，同时，它也不是你刻意追求的结果，因为它是自然而然的，与做事的过程相伴而生。

所以，千万不要逼迫自己去做不喜欢的事，把握好自己的兴趣，在该做出选择时不要犹豫，将你的精力消耗在你喜欢的事情上，你不仅会拥有很大的动力，同时会让你爱上你所做的事。也正因为这样，你在做事时会觉得得心应手，顺理成章，事半功倍。

SAT 做事不拖延，学会马上行动

有了目标后，最重要的就是放弃任何借口，立刻将它付诸实施，并且坚持到底。

有人说自己是一座宝藏，挖掘得越深，获得的越多。也有人说，自己是一匹奔腾的野马，重要的不是学会怎样提速，而是控制自己。

人有各种各样的优缺点，也有一种惰性，这种惰性经常导致计划落空。人在计划落空时又很容易形成新的计划，新计划其实是旧计划的翻版。结果就是，一项计划翻来覆去总没有结果。这是十分悲哀的事情。成就一番事业必须雷厉风行，要有一种魄力，说干就干，一点也不拖延。这是成就事业的一种品格。

拖延是一种坏习惯，他会让人在不知不觉中丧失进取心，阻碍计划的实施。一个人如果进入拖延状态就会像一台受到病毒攻击的计算机，效率极低。拖延最常见的表现就是寻找借口。虽然目标已经确立了，却磨磨蹭蹭，像个生病的羔羊，没有一点精神。不论什么时候，他总能找到拖延的理由，计划当然就会一拖再拖，成功遥遥无期。

你是否有这样的表现呢？今天的事拖到明天做，六点钟起床拖到七点再起，上午该打的电话等到下午再打，每天要写的文章攒到最后时刻写，今天要洗的衣服拖到明天再洗，这个月该拜访的朋友拖到下个月。

对于一个公司来说，很有可能会因为拖延而损失惨重。1989 年 3 月 24 日，埃克森公司的一艘巨型油轮触礁，大量原油泄漏，给生态环境造成了巨大破坏。但埃克森公司却迟迟没有做出外界期待的反应，以致引发了一场“反埃克森运动”，甚至惊动了当时的布什总统。最后，埃克森公司总损失达几亿美元，形象严重受损。

对一个渴望成功的人来说，拖延将成为制约他取得成功的桎梏。在公司没有一个老板喜欢有拖延习惯的员工，在家里没有一个妻子喜欢有拖延习惯的丈夫。

社会学家卢因曾经提出一个概念，叫“力量分析”。他描述了两种力量：阻力和动力。他说，有些人一生都踩着刹车前进，比如被拖延、害怕和消极的想法捆住手脚；有的人则是一直踩着油门呼啸前进，比如始终保持积极、合理和自信的心态。

人生不应该停留在等和靠上，成功不会像买彩票那样充满侥幸，唯一需要的应该是制订计划并立即执行。不等不靠，现在就去做，表现出来的是一个成功人士应有的精神风貌。如果你是因为没有信心才迟迟不敢行动的话，那么最好的消除障碍的办法就是立刻去做，用行动来证明你的能力，增强你的自信。

李大钊曾经说过:“凡事都要脚踏实地地去做,不弛于空想,不骛于虚声,而唯以求真的态度做踏实的功夫。以此态度求学,则真理可明。以此态度做事,则功业可就。”

小说《根》的作者哈里说:“取得成功的唯一途径就是‘立刻行动’,努力工作,并且对自己的目标深信不疑。世上并没有什么神奇的魔法可以将你一举推上成功之巅,你必须有理想和信心,遇到艰难险阻必须设法克服它。”

哈里起初只是美国海岸警卫队的一名厨师。他从代同事写情书开始,爱上了写作。于是他给自己制订了用两三年的时间写一本长篇小说的目标。他立刻行动起来,每天不停地写作,从不停息。8年以后,他终于在杂志上发表了自己的第一篇作品,字数仅有600字。他没有灰心,退休后,他仍然不停地写,稿费没有多少,欠款却越来越多。尽管如此,他仍然锲而不舍地写着。朋友们帮他介绍了一份工作,可他说:“我要做一个作家,我必须不停地写作。”又过了4年,小说《根》终于面世了,引起了巨大轰动,仅在美国就发行了530万册。小说还被改编成电视剧,观众超过了13000万人。他因此获得了普利策奖,收入超过500万美元。

所以,有了目标后,最重要的就是放弃任何借口,立刻将它付诸实施,并且坚持到底。我们常说,千里之行始于足下,就是要求我们行动起来,把心中的梦想通过立刻行动变成美好的现实。如果只是因为自己有一个美好的梦想就沾沾自喜,而忘记了行动的力量,那么无论天上的星星多么漂亮,你也不能够把它捧在手中,无论对岸的风景有多么诱人,你也不能够亲眼目睹,无论海中的贝壳有多么美丽,你也不能够把它挂在你的胸前。

SUN 把握面子问题，活出自己的个性

太顾及别人的想法，让生活的焦点着眼于他人的目光之中，这是一种非常愚蠢的生活方式。

每个人心底都有一种争强好胜的信念，不管他最终是否付诸行动，这种活着就要争一口气的想法始终都不会轻易抛弃。正所谓“人要脸，树要皮。”人的脸，说白了就是面子。面子代表着一个人的人格和尊严。

面子问题的确不能轻看。把面子问题看轻了，不是脊梁断了，就是骨里缺钙，就会为人所不齿。晏子使楚，楚王让他从“狗门”入，意欲羞辱，不料晏子却以一句“出使狗国，方能从狗门入”的话反向羞辱了楚王，这不仅保全了自己的面子，更重要的是保全了齐国的尊严，因此赢得了万代景仰。

然而，我们也不能把面子问题看得太重了。在不该爱面子的时候爱面子，往往会给自己带来很大的麻烦。

许许多多的人在日常生活中，一定都有过类似的念头：“早知道不答应他就好了！不然现在我也不用弄得这么累，甚至还吃力不讨好！”或者是“当初我实在是应该拒绝他的，可是为什么我就是说不出口呢？”

为什么不能主动给予别人拒绝呢？无疑是爱面子的思想在作怪。

有个年轻男子在订婚典礼后，方才发现自己并不深爱他的未婚妻，可是他不愿意成为一个背信弃义的人，也害怕别人会认为他是一个欺骗女人感情的负心汉，因此最后他不但没有解除婚约，甚至还迎娶了他的未婚妻。不幸的是，两

个人结婚以后的生活,证明了他先前的所有疑虑都是正确的——他的妻子挥霍无度、浪费成性,使得他债台高筑,再加上妻子的个性火暴,两个人更是动不动就争吵不休。然而,他婚前就因为担心外界的评价而不敢解除婚约,婚后自然也是为了相同的理由而忍受不和谐的婚姻。这名男子就是美国第十六任总统亚伯拉罕·林肯,虽然他有勇气解放黑奴,但是却没有办法在婚姻的路上勇敢地解放自己。

我们不能说林肯没有拒绝这段感情,全部原因都在于他碍于面子,爱慕虚荣,其中的责任心等,也影响他做出这样的决定。然而,不愿背上"负心汉"的骂名的林肯,明知道婚后的生活不会幸福,但他依然还是坚持着。可见,即使是伟人,也不能不食人间烟火,不为面子问题所困扰。

在现实生活中,如果你认为承诺他人一桩婚姻、一笔生意,乃至于其他重大的决定,都将会为你的生活带来严重的不良影响,你就应该鼓起勇气加以拒绝。试想,当一个天真的婴儿开始懂得表达"不要"的意愿时,即意味着他已经开始独立了,并且对于人、事、物有了自己的好恶与选择。但是,既然人们从小就具有个体的独立意识,为何日渐长大成人后,却反而不能展现自己真正的个性呢?

面子何时争,何时不争,聪明的人不会让情绪帮自己做出选择。理智地分析,面子要不要讲,值不值得去争,关键是看事情的"面子价值"。

一个心理学家向他的客户提出了以下这样一连串的问题,以测试顾客对于自己个性化的强度和对面子的重视程度。

你很在意别人的看法吗?你总是为他人而打扮吗?你会邮寄一张贺卡给自己不喜欢的人吗?如果你在一家商店随意逛逛,最后却没有购买任何商品,你会觉得不好意思吗?你总是预设他人对你的期望,并且经常担心自己会让他人失望吗?你经常担忧自己可能在顺了"姑心"时又失了"嫂意",进而在不知不觉中失去自我吗?你是否曾经扪心自问:我应该忠实于自己的意愿,还是满足于别人的期望呢?

你会给出什么样的答案呢？按照自己的性情生活，不让面子问题羁绊自己，你才会更容易过上舒心的生活。太顾及别人的想法，让生活的焦点着眼于他人的目光之中，这是一种非常愚蠢的生活方式。

第 8 章

我很重要，让自己变得不可替代

Be Kind To Yourself Everyday

在人生的棋盘上，起手无悔是一种坚定，犹犹豫豫是一种大忌。如果可以重新活一次，以成熟的、经历了社会检验的阅历重新选择人生，必然会少走不少弯路。但人生是不能重来的，早一些认识现实，消解身上的生涩、偏执和意气，铸造生命的强度，人生就会走得更顺畅一些，成功也会来得更快一些。

林肯曾经说过："智慧可以帮助我们，让我们不必用烫伤自己的方法去体验火的炙热；也可以让我们在陷阱面前适时止步，做出明智的选择。"人生需要更多的智慧的支撑，心态的承载，能力的提携，机遇的垂青，当生命具有更多坚强的特质时，也就越发显现成熟的颜色。

MON 在心中填满自信，做最出色的自己

人生是依靠强烈的自信支撑起来的，一旦我们失去了自信，就违背了自己的本性，不敢肯定一切，人生也就没有了根。

善待自己，就要学会放松心情，让自己拥有旺盛的斗志和坚定的信心。萧伯纳说，“有信心的人，可以化渺小为伟大，化平庸为神奇。”哲人说，相信自己是一种信念，它不是繁花如梦似锦，却如青松雪压不倒。正因为有了这样的信念，我们才会坚持到底，自信永远。相信自己，不管前面的路如何难走，只要我们努力，就会成功，同样也不要在意成功多少，只要今天比昨天稍微好一点，我们就要庆贺，因为这是自信的开始。

人生是依靠强烈的自信支撑起来的，一旦我们失去了自信，就违背了自己的本性，不敢肯定一切，人生也就没有了根。我们会消极、迷惘，不知道自己该干什么，一遇到不利于自己的情势，就会为难发愁，甚至逃避，结果，无论多么好的机会摆在你面前，你都抓不住。

信心是你走向成功的最有力的保障。生活就是这样，有时决定你成败的不是能力的高低，而是你是否有信心，是否一如既往地相信自己。

英国有一位年轻的建筑设计师，很幸运地被邀请参加了温泽市政府大厅的设计。他运用工程力学的知识，根据自己的经验，很巧妙地设计了只用一根柱子支撑大厅天顶的方案。一年后，市政府请权威人士进行验收时，对他设计的一根支柱的方案提出了异议，他们认为，用一根柱子支撑天花板太危险了，要求

他再多加几根柱子。年轻的设计师十分自信，他说，只要用一根柱子便足以保证大厅的稳固。他详细地通过计算和列举相关实例加以说明，拒绝了工程验收专家们的建议。

他的固执惹恼了市政官员，年轻的设计师险些因此被送上法庭。在万不得已的情况下，他只好在大厅四周增加了4根柱子。不过，这4根柱子全部都没有接触天花板，其间相隔了不易察觉的2毫米。时光如梭，岁月更迭，一晃就是300年。300年的时间里，市政府官员换了一批又一批，市府大厅坚固如初。直到20世纪后期，市政府准备修缮大厅的天顶时，才发现了这个秘密。消息传出，世界各国的建筑师和游客慕名前来，观赏这几根神奇的柱子，并把这个市政大厅称作"嘲笑无知的建筑"。最为人们称奇的，是这位建筑师当年刻在中央圆柱顶端的一行字：自信和真理只需要一根支柱。

这位年轻的设计师就是克里斯托·莱伊恩，一个很陌生的名字。很多人极力搜寻有关他的信息，在仅存的一点资料中，记录了他当时说过的一句话："我很相信。至少100年后，当你们面对这根柱子时，只能哑口无言，甚至瞠口结舌。我要说明的是，你们看到的不是什么奇迹，而是我对自信的一点坚持。"

自信是一根柱子，能撑起精神的广漠的天空。自信是一片阳光，能驱散迷失者眼前的阴影。马尔顿说："坚决的信心，能使平凡的人们，做出惊人的事业。"在现实生活中，每个人的能力大小虽然各不相同，但如果一个人对自己充满信心，肯定会对他的事业产生不可估量的推动作用。

许多年前，有一个哲学家在感觉自己行将日暮之际，想考验和点化一下自己的助手，使他能够继承自己的衣钵。他把助手叫到床前说："我的蜡所剩不多了，要找另一根蜡接着点下去，你明白我的意思吗？""明白，"那位助手赶忙说，"您的思想光辉是要很好地传承下去……"

"可是，"哲学家慢悠悠地说，"我需要一位最优秀的承传者，他不但要有相当的智慧，还必须有充足的信心和非凡的勇气……这样的人选直到目前我还未见到，你帮我寻找和发掘一位好吗？”

“好的，好的。”助手很温顺很尊重地说，“我一定竭尽全力去寻找，以不辜负您的栽培和信任。”

哲学家笑了笑，没再说什么。

那位忠诚而勤奋的助手，不辞辛劳地通过各种渠道四处寻找。可他领来一个又一个人，总被哲学家一一婉言谢绝。

半年之后，哲学家眼看就要告别人世，最优秀的人选还是没有眉目。助手非常惭愧，泪流满面地坐在病床边，语气沉重地说：“我真对不起您，令您失望了！”

“失望的是我，对不起地却是你自己。”哲学家说到这里，很失意地闭上眼睛，停顿了许久，才又不无哀怨地说，“本来，最优秀的人就是你，只是你不敢相信自己，才把自己给忽略、给耽误，给丢失了——其实，每个人都是最优秀的，差别就在于如何认识自己，如何发掘和重用自己。”话没说完，一代哲人就永远离开了他曾经深切关注着的这个世界。

那位助手非常后悔，甚至自责了整个后半生。

故事中的那位助手如果拥有自信的话，也许在哲学家还身体健康的时候，就能继承他的衣钵。自信就是这样一种推动人生的力量，它产生于人的心中，作用于人的心理。

自信的英文写法是 Confidence，这个英文单词源自两个拉丁字：con 以及 fodens，意思是“有信心”。对自我有信心并不是表示环境完全不会使你产生动摇的念头，或者是使你怀疑自己的判断力。它所指的不是一般的自信心，而是一种内在的对自我的信任，让你相信自己可以解决你所面对的一切问题，没有什么能难住你。

对于善待自己的人来说，他们懂得如何培养和激发自己的信心。一位心理学家给出了一个简单的建议：每天早上，你都可以对着镜子大声地说你是最棒的。每天晚上临睡前，你都可以夸一夸自己，找一下自己的优点。在每天这样的循环中，你就会发现自己越来越自信了。

TUE 活着不是感受苦难，而是脱离苦难拥有希望

希望是不幸者的第二灵魂，向往美好的未来，是困难时候最好的自我安慰。

在众多的书中，你经常看到在困境中坚韧不屈、奋发图强的故事，坚韧、勤奋、自信……这些都是一个人成功的必备素质，其间没有捷径可走，有耕耘才有收获，这是世间不变的真理。

有奋斗就有苦难，有人说，“苦难本是一条狗。生活中，它不经意就向我们扑来。如果我们畏惧、躲避，它就凶残地追着我们不放；如果我们直起身子，挥舞着拳头向它大声吆喝，它就只有夹着尾巴灰溜溜地逃走。”

人生来就有很大的差别，这一点我们不得不无奈地面对。有些人注定一生无需努力奋斗就能拥有荣华富贵，而有些人则一辈子忙忙碌碌，到头来却也是混得个温饱，连一个固定的栖身之地都没有。

还有些人，他们生来就身体不健全，苦难就如同那个神奇的苹果砸在牛顿头上一样，也砸到了他们的生活中，而且看似更加现实和残酷。

曾听过这样一个真实的故事：

她是一个从娘胎里出来,就无手无脚的女人,手脚的末端只是圆秃秃的肉球。8岁时,有了思想的她就想到了死。可悲的是,她无法找到死的方法:用头撞墙,由于没有四肢支撑,在碰得几个血泡、摔得一脸模糊之后还是安然活着;绝食,又遭到母亲的怒骂:"8年,我千辛万苦拉扯你8年了……"看着母亲的眼泪,她毅然反省:"我要像一个正常人一样活下去!"

于是,她开始训练拿筷子。她先用一只手臂放在桌子边缘,再用另一只手臂从桌面上将筷子滑过去,然后两个肉球合在一起。她从一根筷子开始,再到两根筷子,日复一日,血痕复血痕,9岁那年,她终于吃到了自己用筷子夹起的第一口饭。

学会拿筷子后,她又开始学走路。她将腿直立于地面,努力保持身体的平衡,和地面接触的部位从血痕到血泡,从血泡到厚茧,摔倒爬起,爬起摔倒。10岁,她学会了走路。也就在这年,她有了读书的念头。在父母及老师的帮助下,她成了村上小学的一名班外生。于是,她用胶皮缠在腿上,不论寒暑和风雨,总是早早到校。她用手臂的末端夹着笔写字,付出了比常人多数十倍的努力,从小学到初中,到自学财务大专。

1988年,她被云南省的一家工厂破格录用为会计,后因回报父母养育之恩返回到父母身边。回家后,她自谋生路,贩卖水果。如今,她不仅是远近有名的孝女,而且"贩回"一个高大健康的丈夫,膝下有一双活泼可爱的儿女,一家人温馨、甜蜜,其乐融融。她的名字叫胡春香,她给手脚健全的我们上了生动的一课——只有要勇敢面对苦难,苦难就会如一片浮云一样从你生活的天空轻轻掠过。

面对苦难,你撕心裂肺地痛哭、煎熬着,但同样的痛苦也发生在自己的亲人身上。例如故事中的主人公的母亲,她心中的痛苦与自责,不会比承受苦难的女儿要轻。

有时人的选择是坚强的,也会是无奈的。很多人的坚强都来源于没有退路,被迫让自己只有坚强起来,才能存活下去。面对苦难,抬起头来,笑对它,相信“这一切都会过去,今后会好起来的”。要谨记,希望是不幸者的第二灵魂,向往美好的未来,是困难时候最好的自我安慰。在多难而漫长的人生路上,我们需要一颗健康的心,需要绚烂的笑容。

格连·康宁罕是美国体育运动史上一位伟大的长跑选手,他的伟大,不仅在于他取得的成绩,更在于他笑对苦难、把握命运的信心。

在他 8 岁那年,一场爆炸事故使他双腿严重受伤,而且腿上没有一块完整的肌肤。医生曾断言他此生再也无法行走。面对黯然神伤的父母,康宁罕没有哭泣,而是大声宣誓:“我一定要站起来!”

康宁罕在床上躺了两个月之后,便尝试着下床了。为了不让父母看见后伤心,康宁罕总是背着父母,拄着父亲为他做的那根小拐杖在房间里挪动。钻心的疼痛把他一次次击倒,他跌得遍体鳞伤也毫不在乎,他坚信自己一定可以重新站起来,重新走路奔跑。几个月后,康宁罕的两条腿可以慢慢地屈伸了。他在心底默默为自己欢呼:“我站起来了!我站起来了!”

于是,康宁罕又想起了离家两英里的一个湖泊。他喜欢那儿的蓝天碧水,他喜欢那儿的小伙伴。康宁罕心向湖泊,更加坚强地锻炼着自己。两年后,他凭借着自己的坚韧和毅力,走到了湖边。从此,康宁罕又开始练习跑步,他把农场上的牛马作为追逐对象,数年如一日,寒暑不放弃。后来,他的双腿就这样“奇迹”般地强壮了起来。再后来,康宁罕不断地挑战自己,成了美国历史上有名的长跑运动员。康宁罕用他的行动告诉我们:苍天不会虐待生命的热爱者,不会辜负与苦难顽强斗争的人心底执著的渴望。

苦难是一所没人愿意上的大学,但从那里毕业的往往都是强者。面对苦难和挫折,应该把自己的情感和精力转移到有益的活动中去,从而将不良情绪导往比较崇高的方向,使其得到升华,这是最为积极的办法。善于采取升华这种积极的方式,就能像贝多芬说的一样:“通过苦难,走向欢乐。”

WED 永远不满足于现状，努力做最好的自己

对于那些永不满足，希望人生能不断实现突破的人来说，人生最精彩的部分永远是在下一次，在未来。

在这个世界上，有两种人很可能一生一事无成：一种是自甘堕落、无所追求的人；一种是那些轻易就满足，从此不思进取的人。对于大多数受过高等教育的年轻人而言，理想教育在他们心底早已根深蒂固，教育专家们所担心的不再是个人的盲目、无知，而是要考虑怎么帮助他们树立可行的、实际的目标和理想。

因此，我们说，这一代的年轻人，如果了此一生时仍无所作为，那他多半属于容易满足的人。

古人云：路漫漫其修远兮，吾将上下而求索。这是对知识、对自我的一种永不满足，也只有这样的人，才能最终成就他的伟大。

世界顶尖潜能成功学大师安东尼·罗宾在心灵革命的课程中，为了证明人类的巨大潜能曾做过下面的实验：

那是一种赤足从火上走过的课程，在整堂课里，所有的学员都必须面对火红炽热的木炭所铺成的“火路”，然后大胆地赤足走过。对于那些没有这种经验的人来说，那是极为骇人的场面，有的人哭叫，有的人腿软了，更有的人浑身发抖，甚至有人苦苦哀求免去这种“考验”，不过最终所有的学员还是得走过这条路，因为没有经历过这场考验的人，就无法在随后的课程中取得最大的效果。

对此，安东尼·罗宾说：“我们当中很少有人有过这样的经验，但是有不少人看见过他人赤足走过火路的场面，特别是在寺庙的拜火祭奠中。当我们看见

别人平安走过火堆之后，总以为是神明在庇护那些人，或是有人预先在火堆中做了手脚，殊不知只要在妥善安排的情况下，人人都能平安走过。”

根据美国一些科学家的观察与测试，发现不需要跑，只要步行的速度足够快，便不容易灼伤脚底。因为每当脚掌在接触火炭的瞬间，便会立即释放出汗水，在那层汗膜尚未蒸发前提起脚掌，汗水便吸收先前的热量而化为蒸气消逝，因而脚掌丝毫不会受到损伤。

由于大多数人不了解人体的神奇机能，以无知来接触那些自己视为可怕的遭遇，便容易陷入畏缩不前的状态中。当那些研讨会的学员在咬紧牙关平安走过火堆后，他们整个观念会有很大的改变，因为原先认为做不到的事情，竟然轻易可以实现，而且毫发无损。原来，“任何限制都是从自己的内心开始的。”

被无知蒙蔽双眼、绊倒自己，其中可悲与悔恨想必每个人都曾有过。并不是我们天生愚昧，而是认识自己、认识事物时，你在做途中跑，而没有尽快跑到终点。

认识自己、把握自己，从而不断地“修筑”自己，你的事业才能尽快扬帆起航。在远行的途中，任何光彩夺目的成就只是迈向事业成功的一小步。只有不满足于现在的成就，才能认识到自己在成功的道路上只走了一小步；只有不满足，才会懂得不断地提高和完善自己；只有不满足，才会渴求下一次更大的成功。

在艺术界，毕加索的大名无人不知。这位西班牙著名的画家，活了91岁。而在90岁高龄时，当他拿起画笔开始创作一幅新画的时候，对眼前的事物仍然好像是第一次看到的一样。年轻人总喜欢探索新鲜事物，探索解决新问题的方法，他们朝气蓬勃，热衷于试验，从不安于现状；老年人总是怕变化，他们知道自己什么最拿手，宁愿把过去的成功之道如法炮制，也不愿冒失败的风险。可毕加索不是普通人，当他90岁时，仍然像年轻人一样生活着，不安于现状，寻求新思路和新的表现手法，所以他成了20世纪最负盛名的画家之一。

毕加索生前体验了从穷困潦倒到荣华富贵的转变，其艺术作品也经历了从无人问津到被人高度赞赏两种境遇。这正是他永远把现在的成就看做成功的

一小步，满怀希望地憧憬着下一次的成功，永不满足、不懈追求的结果。

“球王”贝利在足坛上初露锋芒时，有个记者曾问他：“你觉得，自己哪个球踢得最好？”他回答说：“下一个！”当贝利在世界足坛上大红大紫、踢进1000个球之后，记者又问他同样的问题，而他仍然回答：“下一个！”在事业上有所建树的人都同贝利一样，有着永不满足、不断进取的精神。

对于那些永不满足，希望人生能不断实现突破的人来说，人生最精彩的部分永远是在下一次，在未来。永远对未来充满憧憬，才能以更好的心态去面对、去希望，然后用这种满怀希望的心态做事，才能取得更大的成就。

优秀的人永远把现在的成就看做一个新的起点，现在的成功只是万里长征中的第一步；而普通人取得一点成就，就洋洋得意，满足于现状。所以，优秀者一步一步从优秀走向卓越，而普通人故步自封，往往坐吃山空。

THU 即使是一个螺丝钉，也要变得不可替代

在生活和工作中要不断完善自己，使自己变得不可替代。让别人离了你就无法正常运转，这样你的地位就会大大提高。

大部分年轻人，在出入职场时都干着微不足道的工作，当着一颗小小的螺丝钉，为整个大机器的运转保驾护航。

对于一个庞大的运行体系来说，每一个螺丝钉都具有不同的价值。倘若你被安排在了枢纽环节，你的失误或松懈也许就会造成“千里之堤，溃于蚁穴”的

遗憾和悲剧。反之，也只有处于那个位置，才能逐步活出自己的意义，不在被别人蔑视的目光里苟且一生。

每个人在少年时代，都有很多理想，要成为指挥千军万马的伟人，要成为驾驶宇宙飞船上天的科学家，很少有人一开始就想到自己要做平凡的工作，要投入平凡的人生。等他们真正进入社会之后，就会明白生活中的琐碎远比激情要多，大多数人还是要伏下身子做事的。

耐不住性子的年轻人，在浮躁心态的作用下、在跳槽心理的作用下，难免会出现“松动”，这是最为可怕的。既要干这份工作，又不专心致志，岂不是白白浪费自己的时间？

抬头观察周围的人，同样是一颗“螺丝钉”，但发挥的光和热是不一样的。能够在平凡的岗位上经受别人不能经受的历练，展现自身强大的价值，你才能逐渐让自己变得不可替代，这样的你，才拥有更上一步，不断高升的资历。

在很久以前，在某个地方建起了一座规模宏大的寺庙。竣工之后，寺庙附近的善男信女们就每天祈求佛祖给他们送来一个最好的雕刻师，好雕刻一尊佛像让大家供奉，于是如来佛就派来了一个擅长雕刻的罗汉幻化成一个雕刻师来到人间。

雕刻师在两块已经备好的石料中选了一块质地上乘的石头，开始了工作。可是，没想到他刚拿起凿子凿了几下，这块石头就喊起痛来。

雕刻的罗汉就劝它说：“不经过细细雕琢，你将永远都是一块不起眼的石头，还是忍一忍吧。”

可是，等到他的凿子一落到石头身上，那块石头依然哀嚎不已：“痛死我了，痛死我了。求求你，饶了我吧！”雕刻师实在忍受不了这块石头的叫嚷，只好停止工作。于是，罗汉就只好选了另一块质地远不如它的粗糙石头来雕琢。虽然这块石头的质地较差，但它因为自己能被雕刻师选中，而从内心感激不已，同时也对自己将被雕成一尊精美的雕像深信不疑。所以，任凭雕刻师的刀琢斧敲，它都以坚忍的毅力默默地承受着。

雕刻师则因为知道这块石头的质地差一些，为了展示自己的艺术，他工作更加卖力，雕琢得更加精细。

不久，一尊肃穆庄严、气魄宏大的佛像赫然立在人们的面前，大家惊叹之余，就把它安放到了神坛上。

这座庙宇的香火非常鼎盛，日夜香烟缭绕，天天人流不息。为了方便日益增加的香客行走，那块怕痛的石头被人们弄去填坑筑路了。由于当初承受不了雕琢之苦，现在只得忍受人来车往、车碾脚踩的痛苦。看到那尊雕刻好的佛像安享人们的顶礼膜拜，内心里总觉得不是滋味。

有一次，它愤愤不平地对正路过此处的佛祖说："佛祖啊，这太不公平了！您看那块石头的质地比我差得多，如今却享受着人间的礼赞尊崇，而我却每天遭受凌辱践踏，日晒雨淋，您为什么要这样的偏心啊？"

佛祖微微一笑说："它的资质也许并不如你，但是那块石头的荣耀却是来自一刀一锉的雕琢之痛啊！你既然受不了雕琢之苦，最后也只能得到这样的命运啊！"

同样有机会从一块默默无名的石头成为万人敬仰的佛像，在雕刻自己的这条路上，由于不能承受痛苦，接受打磨，以致最终只能在平凡的"螺丝钉"的岗位，被众人轻视甚至是踩在脚下，这样的下场着实可悲。

西班牙有位著名的智者在其《智慧书》中告诫人们："在生活和工作中要不断完善自己，使自己变得不可替代，让别人离了你就无法正常运转，这样你的地位就会大大提高。"

完善自己就要经受打磨，每个人在步入社会时都会活动于平凡的岗位。"一起毕业的同学，头一两年聚会时，没有什么大的变化，大家的处境相差无几；五年之后，十年之后，就有了天壤之别。"一位成功的企业家在成名之后的同学聚会上发表这样的感慨。五年、十年，这期间每个人都在完成着从一个普通的"螺丝钉"到核心员工，甚至到管理者的蜕变。在每一步、每一个岗位的竞争中都努力让自己变得不可替代，你的蜕变才具有了强大的加速度。

现实生活中，很少有人甘于落后、不求进取，许多人总以为自己已尽其最大的努力同艰辛与苦难奋斗，不断完善自己。实则他们并没有尽其一切的可能去努力。世间许多的沉沦，都是由对客观境遇妥协所造成的，都是由不愿努力、不肯奋斗所造成的。

每个人都是不同的，每个人都是独一无二的，只是有些人尽早发现了这一点，“笨鸟先飞”；而那些一生庸庸碌碌的人，也并非生而平庸，而是在每一次选择完善自己、实现突破时，放松了自己，不愿让上帝的刻刀深深地打磨自己，最终落得原地踏步，仍是一个可有可无的“螺丝钉”。

FRI 不逃避艰辛，从 A 奔向 A⁺

无论一个人已经做得多好，都有再次突破的可能，在这个过程中，他们逐渐实现了由 A 到 A⁺的蜕变。

大多数人都在二十几岁初入社会，除了原有的积累，例如学历上的差异之外，其他的差别并不是很大。这些意气风发的年轻人，都眼睛闪亮，干劲十足，渴望着一个美好的未来。但是几年的拼搏过后，其中一些人感觉到了个人力量的渺小，于是他们失望了，退缩了，忘却了当年发财致富、出人头地的梦想，沉溺于休几天假、拿点儿奖金、偶尔和三两个好友吃次饭的小满足。长此以往，他们的人生目标模糊，头脑迟钝，能力退化。最为重要的是，他们渐渐失去了思考的能力，失去了挑战一切障碍的勇气。

在生活的重压之下，每个人对成功、对金钱的渴望几近疯狂。奔忙在成功队伍前列的人，他们懂得成绩的取得不仅仅来自强烈的渴望，更来源于思考、想法，来自于不畏艰辛地挑战生活中的一切。

“天将降大任于斯人也”的论调我们从小就听过，环境对于一个人日后的成长、成事具有举足轻重的作用。因为环境、际遇的不同，不是每个年轻人都可以一帆风顺地长成参天大树。如果你生来不幸，你应该坚信，没有人是注定要受苦的。处于苦难中时，不沮丧，不屈服，不逃避，给自己一个温馨的微笑，就会应验那句俗语：自助者，天助之。

日本最有名的推销员原一平，在刚走上推销岗位的头7个月，没有拉到一分钱保险，当然也拿不到一分钱薪水。只好上班不坐电车，中午不吃饭，每晚睡在公园的长凳上。但他依旧精神抖擞。每天清晨5点左右起来后，就从这个“家”徒步去上班。一路走得很有精神，有时还吹吹口哨，还热情地和人打打招呼。有一位很体面的绅士，经常看见他这副模样，很受感染，便与他寒暄：“我看你笑嘻嘻的，全身充满干劲，日子一定过得很痛快啦！”并邀请他吃早餐，他说：“谢谢您！我已经用过了。”绅士便问他在哪里高就，当得知他是在保险公司当推销员时，绅士便说：“那我就投你的保险好了！”听了这句话，原一平猛觉“喜从天降”。原来这位先生是一家大酒楼的老板，他不仅自己投保，还帮助原一平介绍业务。从此，原一平彻底“转运”了。

到了1939年，他的销售业绩荣膺全日本之最，并从1948年起，连续15年保持全日本销量第一的好成绩。1968年，他成为美国百万圆桌会议的终身会员。

即便处于逆境，能让自己的脚步变得轻快，让心底仍抱有最强的成功信念的人，最终才有机会走出这种人生必然会遇到的困境。

以往，也许你常听到在困境中要坚韧不屈、要奋发图强的言论，这当然没有任何问题，但另有一点是，在苦难之中，你还要保持一种乐观精神。这种精神表示你并没有怨天尤人，表示你已经做好了改变自己命运的准备，随时听从机遇的召唤。

当一个人不断地受到艰辛与苦难的挑战，他就必然会磨亮自己的光环。就如那些敢于不断突破人生的境遇、自己给自己制造“艰辛”处境的人一样，他们的人生已经攀升到由优秀实现卓越的阶段。

在中国，杨澜是一位妇孺皆知的著名节目主持人。1990年，还在北京外国语大学英语系读大四的杨澜，偶然地从一次央视公开招聘中脱颖而出，成为《正大综艺》节目的主持人。

1993年底，正大集团总裁谢国民来到北京。在与杨澜的接触中，认为杨澜是个很有潜力的人，应该到国外去充充电，进一步提高自己的实力，发挥自己的潜力，并表示愿意无偿资助她去美国留学。

1994年，杨澜毅然辞去了人人羡慕的央视工作，选择了留学之路。在美国留学期间，杨澜用业余时间与上海东方电视台联合制作了《杨澜视线》，第一次以独立的眼光看待并介绍世界。凭借40集的《杨澜视线》，杨澜成功地实现了从娱乐节目主持人到复合型传媒人才的过渡。

1997年回国后，杨澜加盟了刚刚创办不久的香港凤凰卫视中文台。1998年1月，《杨澜工作室》在凤凰卫视正式开播。两年的名人采访经历，让杨澜产生了质的变化：她已经拥有了世界级的知名度、多年的媒体工作经验以及别人无法企及的名人关系资源。然而此时，杨澜又一次在成功的光环中选择了退出，选择开始新的生活。

2000年3月，杨澜收购了香港良记集团，并将其更名为阳光文化网络电视控股有限公司。可惜的是，杨澜的公司刚成立不久，就遭遇了全球经济不景气。杨澜着手削减成本，锐意改革，终于在2003年转亏为盈。不久，阳光文化正式更名为阳光体育，走上了新的发展历程。可是，又一次获得成功的杨澜再次选择了退出，她辞去了董事局主席的职务，并表示将全心投入文化电视节目的制作。

从最初的《正大综艺》，接着到美国留学，之后又转战香港凤凰卫视，开辟阳光卫视，到现在和湖南卫视合作，杨澜做出了太多人们想不到、不理解的选择。面对荣耀和掌声，她能够勇敢地走出来，需要的是非凡的胆识与勇气。人生就是这样，不要活在别人的限制里，只有让自己冲出传统与世俗，才能够自由翱翔。

每个人的生活中都有许多困难之事横亘在面前，有些人轻易地就被一些鸡毛蒜皮的小事囚困一生，愁苦哀怨。而有些人则生而目光高远，希冀一个又一个人生的高峰，杨澜无疑属于后者。

有人说，人生最大的快乐就在于挑战自己、迎战困境，最终有所收获。从杨澜的身上，我们体会到了不断选择人生新环境的勇气，无论一个人已经做得多好，都有再次突破的可能，在这个过程中，他们逐渐实现了由 A 到 A^+ 的蜕变。

SAT 燃烧激情，为未来主动行事

勤奋的神灯一直照在努力者的前方，失败的魔爪永远抓着懒惰者的后腿。激情和主动，是划分两者的最好的标尺。

生活本身就是平平淡淡的，生命本身也是普普通通的。但很多伟人能够在注定的平淡中创造出卓越的成绩，多源于他们对生活、对事业强烈的追求及成功的渴望。换句话说，是内心迸发出的激情，给予他们不断向着一个个目标前进的加速度。

我们常看到那些表面光滑的鹅卵石装点着鱼缸，想必它原本不是圆滑的形状，流水的日月冲刷让有棱有角的石头成了鹅卵状。人生如同鹅卵石，原本有棱有角的个性，在岁月的磨炼下逐渐变得圆滑，个性不再鲜明。

有人说激情是鼓动船帆的风，没有风船就不能行驶；激情是工作的动力，没有动力事业就难有起色。生活告诉我们，灵感可以催生不朽的艺术，激情能够创造不凡的业绩；缺乏激情，疲沓涣散，很可能一事无成。

轰轰烈烈、平平凡凡、凄凄惨惨，这是人生可能遇到的三种境界，如果上帝眷顾你，在你出生之时，就给你一次机会让你选择，你会选择哪一种？

轰轰烈烈的人生是每个人都想追求的，但可悲的是，在现实生活中，大多数的人都平平凡凡，甚至凄凄惨惨！为什么不同的人会有如此大的差距呢？他们之间真的有不可逾越的鸿沟吗？当然不是的。他们之间的差别在于一个人是否富有渴望和激情地对待人生。

世界著名励志大师拿破仑·希尔描述过他和他的母亲一起乘船渡江到纽约的经历。

那是一个有浓雾的夜晚，他们俩站在船上望着茫茫大海，母亲突然欢叫道："这是多么令人欣喜的景观啊！"

"什么东西让您如此欣喜呢？"希尔问道。

母亲依旧充满热情："你看呀，那浓雾，那四周若隐若现的灯光，还有消失在雾中的船带走了令人迷惑的灯光，多么令人不可思议。"

母亲的热情极大地感染了拿破仑·希尔，他也着实感觉到厚厚的白色雾中那种隐藏着的神秘、虚无及点点的迷惑。一颗迟钝的心得到了一些新鲜血液的渗透，不再没有感觉了。

母亲转过头，凝望着希尔，语重心长地说："从你出生之日起，你就一直在聆听着我给你的忠告。不管以前的忠告你有没有听进去，但今天的忠告你一定要听，而且要永远牢记。那就是，世界从来就有美丽和兴奋存在，她本身就是如此动人、如此令人神往，所以，你自己必须要对她敏感，永远不要让自己感觉迟钝、嗅觉不灵，永远不要让自己失去那份应有的热情。”

母亲的这番话，拿破仑·希尔永远地记在了脑海里，并在以后的日子里始终实践着。

在被浓雾吞噬的海景中依然能看到令人欣喜的景象，如此乐观的人，他们的血液里永远都不缺少的一种元素就是激情。很难想象，一个生来就没有激情的人会是什么样子，同样，不难看出，一个激情满怀的人会是怎样的热爱生活，充满朝气。激情催人奋进，让人永不停歇，直至生命的终结。

当我们把激情看成一种动力，让自己热血沸腾时，你同样要记住这句话："勤奋的神灯一直照在努力者的前方，失败的魔爪永远抓着懒惰者的后腿。"

曾经在一本书中读过这样一个"对号入座"的游戏，十年后的你，在社会这座金字塔中位于哪一层呢？

以下是现实社会中最常见的四种人，他们构成了不同阶层的金字塔。

最顶层是卓越的人，即领导者或领袖。具有很强的主动性是这类人最大的特点。对于他们来说，主动性就是没有被人告知，却在做着恰当的事情。他是自动自发的，他的体内有一部发动机。除了完成他分内的事之外，一切有益的、合适的事，他都会孜孜不倦地去做，他们永远都是领导、领袖的候选人。世界赋予了他巨大的褒奖，这种褒奖不仅有财富，还有荣誉和地位。

第三层是优秀的人。是类似于《把信送给加西亚》中罗文式的人物，他们对待自己的工作和任务，"领袖"只需布置一次，他就能认真地做好，不论有什么困难险阻，都不需要任何人再讲第二次，而且下次再做同类事情也不需要别人耳提面命了。这种人仅次于自动自发的人，他们是优秀的执行者，他们永远不会失业，是社会上的白领，是公司里出色的部门经理。

第二层是非常普通的人。他们对待要做的事，往往需要别人布置两到三次，提供相应的条件，他才会相应的去把事情做好。且做事情的时候，总是磨磨蹭蹭的。这种人与荣誉和财富绝缘，他们只能做普通人，并且永远不会有出人头地的日子。

处于金字塔最底层的是那些“贫困者”。他们的奋斗动力或者说是激情只来自于饥寒交迫、山穷水尽之时，而且要背后有人踹他一脚才会出门找食。这种人似乎一辈子都在辛苦工作，却又怨天尤人，抱怨老天不公、运气不佳，而老板又如何压榨，却不知道反省自身的问题。只有当他们被贫穷压迫得没有出路时，才会去做事。一旦有了钱，懒病又会发作。在现实生活中，这类人通常遭到漠视，收入当然十分微薄。他们一生中大部分时间都在盼望幸运之神突然降临到自己身上。但谁都知道，天下没有免费的午餐。

如果上帝就上面的“金字塔”也给你一次选择的机会，无疑，傻子都知道顶层的风光无限好，一览众山小的感觉谁都想品味一下。但你更要明白的是，走向顶层的人，他们每一步都踩着艰辛，同时，你首先应该具有的就是他们共同的品质——自动自发，也就是主动性。

人生的成就是靠激情和主动缔造的，每一个不甘于“穷困”、“平凡”、“优秀”的人，在他们的字典里，在他们的人生中，都应给这几个字以最好的注解和诠释。

SUN 更具张力的人生，能看到更远处的风景

人生难免经历艰辛、痛苦，也许会遭遇种种的不幸。环境的艰苦不会使人倒下，只要你有一颗“坚硬”的心。

有人说，人生就是一个大舞台，每天我们都在表演，只有具有张力的演员，

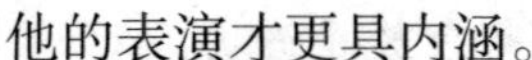

他的表演才更具内涵。

一滴水，因为有其内在的张力，才能不折不断。水本无色无形无味。它能顺应形势，变化出任何一款形状。它能根据需要，调配成任何一种口味。它是单纯的，却是变通的、灵动的。它因时而变，夜结露珠，晨飘雾霭，晴蒸祥瑞，阴披霓裳，夏为雨，冬为雪，化而生气，而成冰。它因势而变，舒缓为溪，低吟浅唱，陡峭为瀑，虎啸龙吟。它因器而变，遇圆则圆，逢方则方，直如刻线，曲可盘龙。拥有内在的韧度，即使外界事物发生何种变化，自身的形状、形态有何改变，其本质依然。

人是由水组成的，水在人体中占有很大的比重。人性如水，本如水一样富有张力。水的张力来源于分子之间的力量，而人的张力，则在于心的坚强。人生难免经历艰辛、痛苦，也许还会遭遇种种的不幸。环境的艰苦不会使人倒下，只要你有一颗"坚硬"的心。

人生失意何其多，总是在种种的失意面前垂头丧气，生活就会布满乌云。也许你也总是渴望自己的工作和生活事事如意，每天都事遂心愿，处于一个舒服的环境中，轻轻松松地生活。但你是否知道，轻松的环境看起来是个养人的好地方，但它充其量只是一个"大鱼缸"而已，没有活水源，也没有自己的发展空间，表面的平静之下，其实隐藏着巨大的危机。

有一个单位办公室门口摆着一个挺大的鱼缸，缸里放养着十几条产自热带的杂交鱼。那种鱼长约三寸，大头红背，长得特别漂亮，惹得许多人驻足凝视。

一转眼两年时间过去了，那些鱼在这两年时间里似乎没有什么变化，依旧三寸来长，大头红背，每天自得其乐地在鱼缸里时而游玩，时而小憩，吸引着人们惊羡的目光。

忽一日，鱼缸的缸底被该单位头头那顽皮的小儿子砸了一个大洞，待人们发现时，缸里的水已经所剩无几，十几条热带鱼可怜巴巴地趴在那儿苟延残喘，人们急忙把它们打捞出来。怎么办呢？人们四处张望了一下，发现只有院子当中的喷水泉可以做它们的容身之所。于是，人们把那十几条鱼放了进去。

两个月后，一个新的鱼缸被抬了回来。人们都跑到喷水泉边来捞鱼。捞来一条，人们大吃一惊，简直有点手足无措了。两个月，仅仅是两个月的时间，那些鱼竟然都由三寸来长疯长到一尺来长！

人们七嘴八舌，众说纷纭。有的说可能是因为喷水泉的水是活水，鱼才长这么长；有的说喷水泉里可能含有某种矿物质；也有的说那些鱼可能是吃了什么特殊的食物。

但无论如何，都有共同的前提，那就是喷水泉要比鱼缸大得多！

生活在重压下，人的内在张力和对环境的适应能力已变得越来越强，只是有些人天生畏怯，不愿也不敢主动去寻求一些改变，而是自觉不自觉地习惯于被事情、被环境推着走。他们怕主动选择后的失误，给自己带来终身的遗憾，他们极力在现在被动选择的环境中做到最好，以告慰自己我对得起自己、对得起家人，因为我已竭尽全力。殊不知，人只有不断改变、适应、学习、突破才能逐渐成长。长期固守于特定的环境中，只会如温水里的青蛙一样，最终在竞争到来或生存压力变大时，失去跳跃的本领。

很多人害怕改变、畏惧变动，除了不舍得放弃现有的优势资源外，更多是因为没有了从头做起，从低做起，从新面对艰苦条件的心态。其实，艰苦的环境不一定就是人生的不幸，相反还会成为磨砺人生的砥石，它可以培养坚强的品质、意志和毅力。只有经历过不幸、挫折、失败和痛苦的磨炼，努力打造心灵的韧度，努力拓展人生的张力，你才能把命运握在自己手中，才能在生活中做到宠辱不惊、镇定自若，在面对突发情况时临危不惧、冷静处之；才能使自己始终保持积极而平和的心态，不偏不倚、不疾不缓地朝着既定目标前行。

生活中没有无风无浪的时候，所以期待这样的生活本就是一种奢望。让心飞起来，努力缔造人生的坚韧与顽强，突破自己，改变环境，让自己的生命更具张力，你的生活才会在诸多色彩的点缀中呈现别样的风景。

第 9 章

青春不需迷茫，赶走身上的怯懦的因子

Be Kind To Yourself Everyday

人的一生贵在活得真实且有价值。生活中的多数人原本都是平凡的，差距是在后来的岁月里逐渐形成的。别抱怨自己卑微的起点，那不是你一生平庸的理由，也不是你没有出类拔萃的根据。卑微的理由可以有千万条，而杰出的原因则只需要那么一丁点儿。心选择平庸，即使你拥有深厚的资本，也会很快被灰尘埋没；心选择突破，你就很容易改变境遇，让平凡的自己活出更大的价值。

生活中，任何人的幸福都是来自于自觉自愿地去寻找、去发现，那些甘于沉沦和平庸的人，最终会沉沦和平庸下去；而那些主动争取的人，则能从最平淡无奇的生活中找到每一丝微弱的机遇，他们用自身的努力，在平凡的心境下，成就不平凡的人生。

MON 释放自己,人生不加框

很多人被一些固有的、已习惯了的东西禁锢住的时候,就很难再有发展,而且还会慢慢倒退。如果这时还是衣食无忧,能够过上清淡的日子,恐怕就更难摆脱这种束缚,重振志向了。

人的思维具有潜在的力量,思维与观念,直接决定一个人未来的路能走多远。通常的情况下,我们都渴望过着那种无拘无束的生活,按照自己的设想,在舒适的环境中享受人生。但更多的时候,这只是理想状态,我们在人际关系的交织中,工作、生活、学习等的几点一线的穿梭中,把原本无拘无束的空间逐渐缩小,框起一块反复行走的天地。这是一个极为普遍和正常的行为规律,但值得一提的一点是,许多成功者和伟人在这个规律中保持着自己的志向,没有被框住思维和观念,他们仍可以充满动力地执著向前,走到另一个空间中去。而那些意志不坚定,思想不成熟,思维无规律的人,多在人生无形的框框中原地踏步,少有大的成就。

每个人周围都存在着无形的框框,但由于人的思维、观念等变数的不同,有的人能够比较容易地从这个框住的空间中走出来,看到和体验到更为别样的、新颖的、流光溢彩的世界;也有一部分人只能"安分守己"、一如从前地在原地打转,走不出这固定的区域,人生的精彩被框在这小小的区域中,更为可悲的则是框住了他们探索、求知、思考的头脑。

行为学家卡里曾经做过这样一个试验,在一个玻璃杯里放进一只跳蚤,跳蚤立即轻易地跳了出来。我们知道跳蚤跳的高度一般可达它身体的400倍左右，所以跳蚤称得上是动物界的跳高冠军。接下来他再次把这只跳蚤放进杯子里，然后立即在杯上加一个玻璃盖，跳蚤照样跳起但却重重地撞在玻璃盖上。一次次被撞，跳蚤开始变得聪明起来了，它开始根据盖子的高度来调整自己所跳的高度，直至在盖子下面自由跳动。一天后，实验者把盖子轻轻拿掉，跳蚤不知道盖子已经去掉了，它还是在原来的那个高度继续跳。

从此，可怜的跳蚤再也没有跳出那个玻璃杯，最终死在了那里。

一个小小的玻璃盖，使得原本弹跳力很强的跳蚤被困在了一个特定的弹跳高度。与其说是盖子挡住了它向上的路，使得它无法突破这个固定的框框，不如说是这个盖子影响了跳蚤的思维和观念，使得它在特定的环境中，培养出了一种思维意识，那个盖子的高度，是无法超过的。

有人看了这则故事也许会暗暗发笑，但肯定也会有人陷入冥思苦想中。在标准的已成定局的情况下，人的思维往往是单一的，在受限制的特定的环境中形成的思维方式，很多客观的因素告诉你，就应该是这样的，不能超越，没有其他回旋的余地，于是，就形成了思维定式。

人长期被禁锢在特定的框架内，就会形成一种固定模式的习惯，在潜意识里面深深植根，影响我们做出合理的判断。下面这则故事很好地说明了这一点。

卡里还做过实验，他将一只最凶猛的鲨鱼和一群热带鱼放在同一个池子，然后用强化玻璃隔开。最初，鲨鱼每天不断冲撞那块看不到的玻璃，奈何这只是徒劳，它始终不能到对面去，而实验人员每天都有放一些鲫鱼在池子里，所以鲨鱼也没缺少猎物，只是它仍想到对面去，每天仍是不断冲撞那块玻璃，它试了每个角落，每次都是用尽全力，但每次也总是弄得伤痕累累，有好几次都浑身破裂出血，如此持续了一段时间。然而每当玻璃一出现裂痕，实验人员马上就会

加上一块更厚的玻璃。

后来，鲨鱼不再冲撞那块玻璃了，对那些斑斓的热带鱼也不再在意，好像他们只是墙上会动的壁画，它开始等着每天固定会出现的鲫鱼，然后用他敏捷的本能进行狩猎，好像回到海中不可一世的凶狠霸气，但这一切只不过是假象罢了。实验到了最后的阶段，卡里将玻璃取走，但鲨鱼却没有反应，每天仍是在固定的区域游着，它不但对那些热带鱼视若无睹，甚至当那些鲫鱼逃到那边去，他就立刻放弃追逐，说什么也不愿再过去。

鲨鱼在四周被框住的情况下，无法捕捉到热带鱼，起初的挣扎和探索来自猎杀的天性，在反复行动后都得出同一结果的情况下，鲨鱼渐渐地失去了这种猎杀热带鱼的欲望，特别是在有鲫鱼作为食物，温饱不愁的情况下，鲨鱼似乎变得温顺而无大志了。鲨鱼在被框住一定的时期后况且如此，人是否也会这样呢？结果应该是肯定的。

人有时候也是这样，我们被一些固有的、已成习惯了的东西禁锢住的时候，就很难再有发展，而且还会慢慢倒退。如果这时还是衣食无忧，能够过上清淡的日子，恐怕就更难摆脱这种束缚，重振志向了。

人的一生充满着许多的不可预知性，有着多姿多彩的变化才能称其为绚烂的一生。正如《阿甘正传》里面所说的：人生就像一盒巧克力，你永远不知道你会吃到什么口味。就这样慢慢地品尝，就这样慢慢地成熟，不要让无形的框框束缚自己的思维和观念，这样你才能取得非凡的成就和拥有精彩的人生。

TUE 只要努力，你一定能做得更好

刚有点小小的成绩就浅尝辄止、安于现状、不思进取的人不会做出什么大成就。一个有崇高目标、期望成就大业的人，总是不停地超越自我，拓宽思路，扩充知识。

生活在纷繁复杂的社会中，渴望一种世外桃源般的生活是许多人心中的一个梦想。但这种出世的态度在现今激烈的竞争中只能是一种空想。在财力平平、还处于打拼阶段时，把自己的心思从悠然与安逸中解放出来，积极地面对工作的竞争和生活的压力，让自己努力做得更好，这才是生活的意义和生存的价值。

如果你现在在一个平庸的职位上可以得到不错的待遇，并就此缺乏向更高职位努力的动力，那我们表示非常遗憾，因为你的进取心开始消磨了。其实，你有能力做得更好，甚至有能力自己创业，过上财务自由的生活。

现今社会，不断学习，获得新的知识是每一个人都需认真对待的事情，置身于这个信息高速发展的时代，你会深切地体会到"逆水行舟，不进则退"的道理。不断充实自己，努力做到更好，这才是竞争中处于优势地位的长久之道。

一天，一位企业家为一群商学院学生讲课。他现场做了演示，给学生们留下一生都难以磨灭的印象。

站在那些高智商、高学历的学生面前，他说："我们来个小测验。"他拿出一个1升的广口瓶放在他面前的桌上。随后，他取出一堆拳头大小的石块，仔细

地一块块放进玻璃瓶里。直到石块高出瓶口，再也放不下了，他问道："瓶子满了吗？"所有学生应道："满了。"企业家反问："真的？"

他伸手从桌下拿出一桶砾石，倒了一些进去，去敲击玻璃瓶壁使砾石填满下面石块的间隙。"现在瓶子满了吗？"他第二次问。但这一次学生有些明白了，"可能还没有"，一位学生应道。"很好！"企业家说。

他伸手从桌下拿出一桶沙子，开始慢慢倒进玻璃瓶。沙子填满了石块和砾石的所有间隙。他又一次问学生："瓶子满了吗？""没满！"学生们大声说。他再一次说："很好。"

然后，他拿过一壶水倒进玻璃瓶，直到水面与瓶口持平。接下来企业家发问："你们明白了什么道理了吗？"同学们纷纷发言。最后，他笑着说道："你们的看法也是对的，但我认为这个演示说明的意思是，哪怕你工作得再好，但只要你继续努力的话，你完全可以做得更好！"

刚有点小小的成绩就浅尝辄止、安于现状、不思进取的人不会做出什么大成就。一个有崇高目标、期望成就大业的人，总是不停地超越自我，拓宽思路，扩充知识。

作为一个职员，如果你想迅速获得提升，就找一些同事们啃不动的工作，去努力完成它。做好了，就容易超越那些资历比你高的职员。如果一个人做起事来总是精益求精，总是让别人惊喜，上司自然会注意到他，必要时自然会把他提拔到重要的位置。没有一个雇主不喜欢有上进心的下属，他们也在随时观察员工们的表现，你必须把经验、学识、智慧和创造力发挥得淋漓尽致，争取达到惊人的效果，为自己的发展创造条件，所以你没有理由不做得更好。

GOOGLE 中国区总裁李开复在攻读博士学位时，通过自己的努力，把语音识别系统的识别率从以前的40%提高到了80%，学术界对他的工作给予了充分的肯定。当时，他的老师认为，只要把已有的结果加工好，写好论文，几个月之内他就可以拿到博士学位了。

但是，李开复很清楚，第一步的成功给他提供的只是一个机遇，而不是一个答案，因为80%的识别率虽然已经很优秀了，但绝不是最后的最佳结果。他已经公开发表了研究成果，每一个研究机构都会学习、使用他的方法，所以，如果李开复当时放松下来，不再做实验，埋头写论文以求尽快毕业的话，别的学校或公司很快就会超过他。

所以，李开复不但没有放松，反而更加抓紧时间研究攻关，甚至为此推迟了他的论文答辩时间。那时候，他每周要工作7天，每天工作16个小时。这些努力没有白费，它们让李开复的语音识别系统百尺竿头更进一步，识别率从80%提高到了96%。在李开复毕业之后，这个系统多年蝉联全美语音识别系统评比的冠军。如果李开复当时在80%的水平上止步不前、骄傲自满，不去精益求精完善它的话，他就不能取得今天的辉煌。

年轻人拥有无限的精力，此时多付出一点时间，为了理想拼搏一下，努力一些，最终的成败姑且不提，至少在你暮霭之年时，不会后悔自己一生碌碌无为、平平庸庸。

我们每个人都希望自己的生活能如想象中的一样完美，现实中的确有不少的人做到了，而这一切都是由他们自己创造的。

每个人都渴望自己走在通往成功的捷径上，但你可知道，这捷径除了努力之外，别无他路。在这个世界，天才并不多，比你强的人也并不多，成功者只不过是比普通人多了一份勤奋刻苦和坚持不懈而已，他们努力让自己做到更好，最终真的成就了卓越的人生。

WED 专注细节，让自己精益求精

做生活中的一个有心人，轻轻地对自己说："再用心一点，再细致一点。"你会发现，你在经历着从0到1的质变。

每个人都有一颗追求完美的心，希望自己在工作和生活的各个方面都表现得尽善尽美。虽然说完美很难实现，但却是可以无限接近的。每个人都懂得努力去追求理想，望着自己远在天边的梦想的背景一次次地暗下决心一定要做到。但其中真正小有成就者有几人？

也许有些人会感觉困惑，努力了，也坚定了自己的理想，怎么总是处处碰壁呢？生活中有这样一种人，他们常常只专注于结果，一心一意，盯着结果却忽略过程，匆匆忙忙地，以自己想当然的方法去思考、做事，最后总是适得其反。你是不是属于这种人呢？

芸芸众生能做大事的实在太少，多数人的多数情况总还只是能做一些具体的事、琐碎的事、单调的事，也许过于平淡，也许鸡毛蒜皮，但这就是工作，是生活，是成就大事不可缺少的基础。我们必须改变心浮气躁、浅尝辄止的毛病。经济的快速发展，使得专业化程度越来越高，社会分工越来越细，这更要求我们要更加专注细节，精益求精。

石油大亨洛克菲勒的成功经历给予了许多人醍醐灌顶的启示。

年轻的洛克菲勒最初在石油公司工作时，既没有学历，又没有技术，被分配去检查石油罐盖有没有自动焊接好。这是整个公司最简单、枯燥的工序，同事戏称连 3 岁的孩子都能做。每天洛克菲勒看着焊接剂自动滴下，沿着罐盖转一圈，再看着焊接好的罐盖被传送带移走。半个月后，洛克菲勒忍无可忍，他找到主管申请改换其他工种，但被回绝了。无计可施的洛克菲勒只好重新回到焊接机旁，既然换不到更好的工作，那就先踏实下心来把这份工作干好算了。

接下来，洛克菲勒开始认真观察罐盖的焊接质量，并仔细研究焊接剂的滴速与滴量。他发现，当时每焊接好一个罐盖，焊接剂要滴落 39 滴，而经过周密计算，实际上只要 38 滴焊接剂就可以将罐盖完全焊接好。经过反复测试、实验，最后洛克菲勒终于研制出“38 滴型”焊接机，也就是说，用这种焊接机，每只罐盖比原先节约了一滴焊接剂。就这一滴焊接剂，一年下来却为公司节约出一大笔开支。公司也没想到还有人能在这个岗位做出这么大成就，年轻的洛克菲勒很快得到提拔，就此迈出日后走向成功的第一步，直到成为世界石油大王。

对于一向看似不用大脑，谁都能轻易完成的工作，洛克菲勒能够认真对待，在关注一点点细节的同时，发挥自己的才能，把一个简单的任务做到了极致。

在工作和生活中，那些追求完美的人，也许他们不具备出众的才华、振奋的激情，但他们一定拥有一颗关注细节、精益求精的心。他们心中有一座灯塔，不管白天与黑夜，他们永远细心地追寻生活中的目标。

对于大多数人来说，顺其自然造就了他们的平庸无奇，粗心大意让他们时常功败垂成。为什么在可以选择更好的时候我们总是落于平庸？为什么我们总是有理由纵容自己碌碌无为？

也许有人会说做到 99 分就很不错了，何必再花大力气做到 100 分呢？西方流传的一首民谣可以对此做形象的说明。这首民谣说：丢失一个钉子，坏了一个蹄铁；坏了一个蹄铁，折了一匹战马；折了一匹战马，伤了一位骑士；伤了一位骑士，输了一场战斗；输了一场战斗，亡了一个帝国。

马蹄铁上一个钉子是否会丢失，本是初始条件十分微小的变化，但所谓“千里之堤，溃于蚁穴”，你把一切都做得很好，就留下这么一个瑕疵，可能最后要你

命的就是这个瑕疵。

如果一个运动员专注细节，不追求完美的话，那么他不可能赢得金牌。能把金牌带回家的运动员必须超越其他所有人和已有的记录，不用上百分之百的劲儿哪能成功。不要总说别人对你的期望值比你对自己的期望值高。不要总是觉得自己的工作做得很不错，要经常让别人来评判你的工作是否让人满意，如果哪个人在你所做的工作中找到失误，那么你就不是完美的，你也不需要去找一些理由，还是回去再把工作做得更完美一点吧！

做生活中一个有心的人，轻轻地对自己说："再用心一点，再细致一点。"你会发现，你在经历着从0到1的质变。

THU 主宰生活，微笑是积极的人生态度

微笑是一种积极的人生态度，微笑着的我们，要用微笑的力量，去关照他人，搏击命运，感化自己，影响世界。

微笑是一种无声的语言，它包含善意，包含接纳，包含温情，它能感染每一个人的心，浸润时间的杂质，沉浸烦躁的心灵。有位名人曾说过："当生活像一首歌那样轻快流畅时，笑颜常开乃易事；而在一切事情都不妙时仍能微笑的人，才活得更有价值。"

在生活中，微笑可以消除双方的戒心与不安，可以打开僵局；在工作上，微笑能让客户对你更加信赖。不管生命遭遇怎样的坎坷与曲折，用心生活的人都要保有安静而恬淡的微笑。生活就像一面镜子。你对它哭，它也对你哭，如果

你想要它对你微笑，你只有一种办法，就是对它微笑。懂得生命的意义，品尝生活的苦楚，你必须接受这样的人生，并且要勇敢、大胆，而且永远以微笑来面对它。

人生如游戏，有很多的不可思议、万分惊喜，也有很多的手足无措、狼狈不堪，当命运在这一局发给你一副牌时，微笑着且保有信心地玩下去，总比一脸沮丧地踌躇不前要更有收获。

艾森豪威尔是美国著名的五星上将，有一天晚饭后，年轻的艾森豪威尔跟家人一起玩纸牌游戏，连续几次都抓了一手很差的牌，他开始埋怨手气不好。妈妈停了下来，郑重其事地对他说道："如果你真要玩牌，就必须用你手中的牌玩下去，不管那些牌怎样，你都要坚持到底！"

他愣了愣，母亲又说道："人生也是如此，发牌的是上帝，不管是怎样的牌，你都必须拿着。你能做的就是以微笑面对并坚持到底，竭尽全力，求得最好的结果。"

很多年过去了，艾森豪威尔一直牢记着母亲的这番教导，从来没有抱怨过命运的不公。相反，他总是以积极、乐观的态度，以坚持不懈的意志去迎接命运的挑战，竭尽全力做好每一件事情，努力做最好的自己。

在人生的牌局中，艾森豪威尔以微笑的人生态度面对生活中的每一次折磨和挑战，最终从一个默默无闻的士兵成长为美国著名的五星上将。

在顺境中微笑易，在逆境中微笑难。接连被失败打倒的人，还能够一而再，再而三地面带微笑和充满自信地站起，他的人生画布必将异彩纷呈。

巴尔扎克说：世界上的事情永远不是绝对的，结果因人而异，苦难对于天才是一块垫脚石，对能干的人是一笔财富，对于弱者是一个万丈深渊。对于永远微笑的人来说，它只是一种经历，一片风景，一种使生活更富味道的佐料。

体坛的微笑美女桑兰，她在面对人生中重大的变故时表现出来的乐观使每个人都曾为之感动。

那是1998年7月21日的晚上，在纽约友好运动会上，桑兰意外受伤，在很多人都为她的体育生涯就此画上句号而万分遗憾、痛心之时，默默无闻的、17岁的桑兰却用自己灿烂的微笑坦然地面对这一切，最终成为了全世界最受关注的人。

桑兰的受伤确实是个意外。当时桑兰正在进行跳马比赛的赛前热身，在她起跳的那一瞬间，外队一名教练"马"前探头干扰了她，导致她动作变形，从高空栽倒在地，而且是头先着地，以致身受重伤。

这个笑容甜美的姑娘来自浙江宁波，1993年进入国家队，个性温顺，但在遭受如此重大的变故后却表现出难得的坚毅，她的主治医生说："桑兰表现得非常勇敢，她从未抱怨什么，对她我能找到表达的词就是'勇气'。"就算是知道自己再也站不起来之后，她也绝不后悔练体操，她说："我对自己有信心，我永远不会放弃希望。"

因为她的坚强、乐观，美国院方称她为"伟大的中国人民光辉形象"，而那么多美国普通人去看她，并不只是因为她受伤了，而是被她的精神所感染。

时任国务院副总理的钱其琛在看望桑兰时说："中国领导人和中国人民都知道这位勇敢的女孩的事。"美国总统克林顿、前总统卡特和里根都曾给桑兰写过信，赞扬她面对悲剧时表现出来的勇气和以微笑面对人生的态度。桑兰与"超人"会面的经过在美国ABC电视台播出，这个电视台50年来只采访过两个中国人，一个是邓小平，一个是桑兰。桑兰还如愿以偿地见到了自己的偶像里奥纳多·迪卡普里奥和席琳·迪翁。她的监护人说："她太可爱了，像我们这些在她身边的人都愿意去帮助她……"

以微笑面对生活，以情感温暖人心，桑兰这位不到20岁的年轻姑娘用惊人的毅力和乐观的态度感染着每一个关心她的人。在她的心中，从没有沮丧和失败这两个词，有的只是对生活的希望与感恩，对关心她的人的无限感激。

保加利亚哲学家吉里尔·瓦西列夫在《情爱论》一书中说：“爱的微笑像一把神奇的钥匙可以打开心灵的迷宫，它的光芒照亮周围的一切，给周围的气氛增添了温暖和同情，殷切的期望和奇妙的幻境。”桑兰的微笑就具有如此神奇的力量。

苦难是人生的熔炉。它可以把人烤死，也可以使人变得坚强、自信。如果我们曾经微笑着面对过苦难，那在我们年老时，我们可以对自己的子孙后代说：“我们曾笑对苦难。”

用微笑面对生活中的一切，这一切将变得更加美丽。微笑着的我们，要用微笑的力量，去关照他人，搏击命运，感化自己，影响世界。

FRI 做最好的自己，铁可以比金子贵

生活本没有把人分成三六九等，有些人自觉不自觉地自甘堕落，一步步和别人的差距越来越大。你要知道，一个再普通的东西，只要放在能人的手里，就能闪闪放光。

很多人总是以为富有价值的东西离自己很远，但他们极力追求时，却忘记了西方的那句俗语，“钻石就在自家的后院”。

从前有一个铁匠，他的铁艺一般。然而，他却没有提高技艺的雄心壮志。他觉得铁块的最佳用途莫过于把它制成马掌，他为此自鸣得意。他认为这个粗铁块每磅只值两分钱，所以不值得花太多时间和精力去加工它，他这样简单的

加工技术已经把这块铁的价值从1美元提高到10美元了。

有一个磨刀匠，他受过比铁匠更好的训练，有更好的技术和更高的眼光。他对铁匠说："这就是你在那块铁里见到的一切吗？给我一块铁，看我能把它变成什么。"这个磨刀匠先把铁熔化掉，碳化成钢，然后取出来，经过锻冶、加热，然后投入到冷水中淬火，最后经过细致耐心的压磨抛光。当这项工作完成后，竟然把铁制成了价值更高的刀片，这让制马掌的铁匠惊讶万分。

然而，有一个工匠看了磨刀匠的出色成果后却说："如果你做不出更好的产品，那么能做成刀片也已经相当不错了。但是这块铁的价值你连一半都还没挖掘出来，我知道它还有更好的用途。我研究过铁，知道它里面藏着什么，知道能用它做出什么来。"

这个工匠的技艺更精湛，眼光也非常独到，他受过专业的训练，有更高的技术和卓越的意志力。他能更深入地看到这块铁的分子——不再局限于马掌和刀片——他用显微镜般精确的双眼把生铁变成了最精致的绣花针。制作针头需要比磨刀匠有更精细的工序和更高超的技艺。

这位工匠认为他的成果已经使磨刀匠的产品的价值翻了数倍，他已经榨尽了这块铁的价值。但是，又来了一个技艺更高超的工匠，他的头脑更发达，手艺更精湛，更有耐心，受过顶级训练。他对马掌、刀片、绣花针看都没看，他竟然制作出了精细的钟表发条。但是，故事到这里还没有结束，又一个更出色的工匠出现了。

他认为这块铁还没有物尽其用，他用他所拥有的神奇力量创造了更大的奇迹。在他眼里，即使钟表发条也称不上上乘之作，他知道用这种生铁可以制成一种弹性物质，而一般粗通冶金学的人是无能为力的。他知道，如果锻冶时再细心些，它就不再坚硬锋利，而会变成一种特殊的金属。他采用了许多精加工和细致锻冶的工序，成功地把他的产品变成了肉眼几乎看不见的精细的游丝线圈。经过一番艰辛劳苦之后，他梦想成真，把价值几美元的铁块变成了价值比同样重量的黄金还要昂贵得多的游丝线圈。

因为技艺不同，制造出来的东西就有了天壤之别。一块普通的铁，通过不同的加工方式，经不同人的手就具有不同的价值。可见，平平常常、普普通通的东西中往往蕴藏着巨大的价值。哪怕你处在平凡的环境中，手中拥有的资源匮乏，但如果你是那位技艺最精湛的工匠，你同样能取得惊人的成就。

生活本没有把人分成三六九等，有些人自觉不自觉地自甘堕落，一步步和别人的差距越来越大。你要知道，一个再普通的东西，只要放在能人的手里，就能闪闪放光。

在现实生活中，有很多人，当他们在生活中遇到困难时，或屡屡失意时，总愿意把这一切的霉运归结于命运。事情干不好，生活不如意，这一切在他们的眼中变得理所当然，因为自己出身不好，就是这个命。虽然教育制度越来越发达，但迷信，特别是当人们面对一些无力改变的事情的时候，总愿意把自己本该勇敢承担起来的突破困境的责任辅以冠冕堂皇的借口，给自己的不求改变，不求上进找到若干个理由。这样，你拥有的只会是最初出土的一块普通得不入别人眼里的铁块，它的价值因你的不求“提炼”“升华”而越来越低。

“适者生存，不适者则被淘汰”，这是自然规律，世上的事物时时刻刻都在发生着改变。人活在世上的任务首先是改变自己，进而改变世界。改变自己就要学会挖掘自己，就要学会接受新事物，因为每个人都有着无限的潜能有待开发，只可惜，我们往往限制住自己的心态，在生活无奈的选择中，让自己不得不做一块平凡的铁。只有让自己变得更好，让心走在脚的前面，你的收获才会更多。

SAT 破裂的水桶，可以浇灌出一路鲜花

也许你身上也存在着某些缺点和不足，你是怎样看待它的呢？假使我们自比泥土，那我们就将真的成为被人践踏的泥土了。

每个人都有存在于社会上的价值，只是有些人认识到了这点，他们极力发现自己的能力，挖掘自身的潜力，以致走在了普通人的前面，成了众人关注的卓越者。

发现自身的能力，实现自己的价值，往往从接受自己，自己瞧得起自己开始。认同自己的能力，并在行为上表现出一种与环境和他人积极互动的心理定势，你的发展空间就会越来越大。认识自己，发现自身的价值，你就能够愉悦地接纳自己，包括自己的某些缺陷，并能不断地进行自我激励，使自己的人生过得充实而有意义。

一位挑水的农夫，他有两个用了很久的水桶，分别吊在扁担的两头，其中一个桶子有裂缝，另一个则完好无缺。在每趟长途挑运之后，完好无缺的桶子，总是能将满满一桶水从溪边送到主人家中，但是有裂缝的桶子到达主人家时，却又剩下半桶水。

两年来，挑水的农夫就这样每天挑一桶半的水到主人家。当然，好桶子对自己能够送满整桶水感到很自豪。破桶子呢？对于自己的缺陷则非常羞愧，他为只能负起一半责任，感到非常难过。

饱尝了两年失败的苦楚，破桶子终于忍不住，在小溪旁对挑水的农夫说：

“我很惭愧，必须向你道歉。”“为什么呢？”挑水的农夫问道：“你为什么觉得惭愧？”“过去两年，因为水从我这边一路漏，我只能送半桶水到你主人家，我的缺陷，使你做了全部的工作，却只收到一半的成果。”破桶子说。挑水的农夫替破桶子感到难过，他满怀爱心地说：“我们回主人家的路上，我要你留意路旁盛开的花朵。”

果真，他们走在山坡上，破桶子眼前一亮，看到缤纷的花朵，开满路的一旁，沐浴在温暖的阳光之下，这景象使它开心了很多！但是，走到小路的尽头，它又难受了，因为一半的水又在路上漏掉了！破桶子再次向挑水的农夫道歉。挑水的农夫温和地说：“你有没有注意到小路两旁，只有你的那一边有花，好桶子的那一边却没有开花呢？我明白你有缺陷，因此我善加利用，在你那边的路旁撒了花种，每次我从溪边回来，你就替我一路浇了花！两年来，这些美丽的花朵装饰了主人的餐桌。如果你不是这个样子，主人的桌上也就没有这么好看的花朵了！”

也许你身上也存在着某些缺点和不足，你是怎样看待它的呢？在生活中，有许多人，特别是刚刚步入社会的青年，他们可能会由于自己在某方面不如别人，而轻易轻视自己。从而变得自卑和逃避竞争。真的是你不如别人吗？或许是你高看了别人，或者只能说你在某方面处于劣势地位罢了。一叶障目，不见泰山，这从来就是愚蠢的思维方式。就如田忌赛马一样，拿你的劣势和别人的优势比，你永远是失败者，而用你的强项与别人的弱项相比，你就会处于获胜者的位置，并取得成功的喜悦。

被自己的劣势蒙住双眼，自己瞧不起自己，是个人对自己的不恰当的认识，是一种自卑的消极心理。一个自卑的人很难有自信，如同一个没有脊椎的动物，永远都不会站立起来。他们不会相信自己的判断，没有主见，对成功也没有期盼，因此做任何事情都不会付出自己的全部精力，也没有排除艰难险阻的决心和毅力。那么，怎样才能从自卑的束缚下解脱出来呢？

常言道:“人贵有自知之明。”也就是说,对待自我要有一个全面的正确的认识。笼统地说,就是分析自己的优点和缺点,以便在待人处世时能扬长避短,使自我的优势得到更好的发挥。这样慢慢就会形成一个良好的心态,继而充满自信,超越自卑。

发展自己的能力,把眼光从修补劣势转移到发展优势上来,一个人才容易看到自身存在的价值和巨大的潜力。

美国农业部的一位秘书威尔逊了解到副总统曾是一个小布匹商人。从一个小布匹商到副总统,为什么会发展得这么快?

他带着这个问题拜访了莫尔。莫尔说:“我做布匹生意真的很成功。可有一天,我读了一本文学家爱默尔的书,书中的一段话打动了我。书中是这样写的:‘一个人如果拥有一种人家需要的才能和特长,不管他处在什么环境,有一天终会被人发现。’”

“这段话让我怦然心动,冥冥中我觉得自己应该向更大的空间发展。这使我想到了当时最重要的金融业。于是,我不顾别人反对,放弃布匹生意,改营银行,最终成为金融巨头。”

能够正视自己,看到自己价值的人,他们成长、成熟的脚步总是比别人迈得要大,就像莫尔一样,在年轻时锻炼了自己的能力,有了自身的优势,往前勇敢地跨出一步,就跨越了小商人和大总统之间的距离。

莎士比亚曾经说过:“假使我们自比泥土,那我们就将真的成为被人践踏的泥土了。”还有:“没有自尊心的人,即等于自卑。”人活着都想追求幸福,所以你要相信,你生来就与众不同,身上所存有的每一个缺陷都是另外一种美丽,既然无法改变它,那么就勇敢地接受它,同时把眼光放在发觉自己的潜力上,每一个人都可以做最好的自己。

SUN 换一种态度做事，思路决定出路

在任何特定的环境中，人们还有另一种最后的自由，就是选择自己的态度。

在你周围的朋友圈子里，是不是成功者寥寥无几、乏善可陈，而平庸者却星罗密布、遍地都是呢？如果你用心观察，你会很容易发现这两类人之间的差异，多在于做事的态度和思维的方法上的不同。有些人有思想，而且敢做，就简简单单地成功了；有些人有思想，但没有胆识，在犹犹豫豫间只有憧憬，从来没有实现的那一天。

观察你的朋友，你会发现，他们之中很少有没有想法、没有思想者，在谈到自己的追求时，都能说得天花乱坠。每当看到别人成功时，他们总抱怨自己生不逢时没有机会。“如果早出生十年，我一定能赶上改革开放初期的下海潮，那时候机会太多了！没准现在已经是腰缠万贯的百万富翁了。”真是这样吗？

1492年，发现了美洲大陆的哥伦布回到西班牙后，出席了一个盛大的欢庆宴会。席间，一位衣冠楚楚的绅士以挑衅的口吻说：“我看这事算不了什么，你只不过是坐船一直往西走，碰到了一块新大陆而已。任何人乘船一直西行，都会有这个发现的。”

哥伦布不置可否地看了他一眼，从桌上拿起一个煮熟的鸡蛋，微笑着说：“你来试试，让鸡蛋的小头朝下立在桌子上。”

绅士试了半天也没把鸡蛋立住。

哥伦布接过来，尖头朝下轻轻一磕，鸡蛋稳稳地立住了。绅士大叫起来："你把鸡蛋弄破了，不能算！"

哥伦布说："你和我的差别正在这里，你不敢磕，我敢磕。你懂不破不立的道理吗？如果懂，为什么还缩手缩脚呢？"

可见，机会其实对每个人都是公平的，能不能抓住就要看个人的思路、态度和能力了。

这里有一个关于淘金的故事。一天，有一个年轻人也想尾随别人去淘金。在他赶往淘金的路上时，遇到一条大河阻拦，然而河边又没有船，他该怎么办呢？年轻人突然灵机一动："别人都去淘金，我为什么不做一个送他们去淘金的人呢？"从此，别人去淘金，这个年轻人就用船送这些人过河。去淘金的人面对对岸黄金的诱惑，自然蜂拥而至。久而久之，这位年轻人也发迹了。

其实，成功就是这样简单，除了拥有尝试的态度，勇敢地坚持，同时，如果你能积极地换个想法，避开竞争焦点的锋芒，你就能找到一条成就事业的捷径。

但是，说起来简单做起来难，并不是每个人都能及时调整思维，准确地判断出潜在的机遇的。态度是一种选择，你自己完全可做选择。

一位俄罗斯运动员和一位美国运动员曾同时参加铅球比赛。论实力，俄罗斯运动员要超过美国运动员。

比赛的前一天晚上，两个人先后到场地练球。美国运动员不管怎样也掷不了俄罗斯运动员那样远。他干脆拿铅球在俄罗斯运动员的最远球痕前砸了两个坑，然后就去睡觉了。

俄罗斯运动员看到美国运动员的"纪录"后，大吃一惊，由于心理压力太大，整个晚上都没有睡好。

第二天正式比赛时，俄罗斯运动员的正常水平没有发挥出来，输给了美国运动员。

成功的要素其实就掌握在我们自己手中，成功是正确思考的结果。一个人能飞多高，是由他自己的态度所制约的。

成功人士始终用最积极的态度思考，最乐观的精神和最辉煌的经验支配和控制积极的人生。失败者刚好相反，他们的人生是受过去的种种失败与疑虑所引导和支配的。

足球场中有抢"第二落点"之说，在一般情况下，"第一落点"是有九成胜算的进攻位置，只要得手，极易进球，但是，也由于对方球员防守严密，进攻者总是无功而返；而"第二落点"由于少人跟防，往往会轻易取得战绩。

足球场如此，追求成功的路上也是如此。大家都在蜂拥而上抢"第一落点"时，谁能适时调转方向，找到不起眼的第二落点，谁就能掌握时代的脉搏。

每一个人的潜力都是无穷的，一旦你能静下心来，全心全意地做一件事，本身爆发的潜能也会令自己吃惊，而死钻牛角尖只会将自己推进死胡同。重新调整成功的目标，尽管是痛苦的，但走出了第一步，再走第二步就顺畅多了。

第10章

每天静心冥想，在心里认清你自己

Be Kind To Yourself Everyday

人生来就有差异，命运的不公则使这种差异越来越大。“人贬人褒凭人论，自知自胜谋自强。”正视差异的人，懂得人生是一个成长的过程，也是一个不断学习的过程。“人生有涯，而知识无涯”。物品用久了会折旧，人才也会因知识的停滞而不断折旧。唯有充实自己，才是改变命运的唯一法门。

纵观人生，每个人都会经历无数次改变，只有那些不断提升自己、塑造自己的人，才能适应种种变化，才不会被生活抛弃，才会迅速成长。人皆可以为尧舜。这些鼓舞人心的话语，是人对自身价值应有的判定。每一个小小的突破都来源于强烈的企盼，孕育于痛苦的挣扎，是追寻自我，敢于冒险，最终超越自我的一种必然。

MON 只有第一，没有第二

成功者与失败者的分水岭，不在于最初谁努力更多、谁的先天优势较大。而是在于在关键的结尾，谁多跑了几步，谁少跑了几步——那是最有价值的几步。

我们所处的这个世界是温和的，多彩的，有亲情、友情、爱情的围绕，有更多生活的梦想等待我们憧憬和实现。然而，它又是残酷的，逃不出优胜劣汰的自然法则。在自主或不自主的竞争中，人无形中被分成了三六九等，产生了较大的差距。对于智者来说，他们敢于积极地面对差距，拓展自己，从而使自己逐渐成长、成熟。

据说国外有一匹名马，在它的比赛生涯中，为主人赢过超过100万美元的奖金。但它真正参加赛跑的时间加起来也不到一个小时。有一天，主人决定将它出售，开价比跟它一起赛跑时获得亚军的马高出100倍还不止！这是多么大的一个差距。这已经不是能和第一、第二这个名次成比例的了。

其实，每次比赛中它比跑在第二的马只超前一个鼻子的距离，裁判用肉眼都很难判断谁处于领先的位置，直到两匹马跑到终点线时，看了赛后的录像才能断定谁是第一。

赛马比赛中，由于彼此间的距离相差不远，冲线时胜利者往往只是稍胜一个马鼻的距离，因此经常以“胜一马鼻”来形容差距不大的险胜，那么甩开了几个马鼻自然就是代表胜得比较轻松了。扩展到其他领域，只需一个马鼻差距，便能把赢家和输家分别出来。赢家之所以能赢得这微小的距离，往往不是因为资源、背景或运气，而是依靠一种必须领先的信念。

在许多竞争的领域，把赢家和入围者区别开来的就是这种细微的差距。一场比赛的冠军和亚军从最后的结果上看虽然只有一步之遥，但他们在享有的名誉和利益方面却相差甚远。一个是经过努力获得回报的成功者，一个是同样付出却功亏一篑的失败者。

成功者与失败者的分水岭，不在于在最初谁努力更多、谁的先天优势较大。而是在于在关键的结尾，谁多跑了几步，谁少跑了几步——那是最有价值的几步。

就如一个人参加了一次长跑比赛，当跑了大部分路程，就将到达终点时，他感觉自己极度劳累、非常难受，试想一下，他是否会坚持下来？

只要还有一口气，他定会坚持下来，因为相对于跑过的漫长路程，余下这一段短短的距离所具有的价值和意义都是不言而喻的。没有这几步，他此前的努力将变得毫无意义；有了这几步，他才可能成为一个胜利者。

在人类社会的诸多竞争中，这种现象比比皆是。就是由于一点点的差距，使得最后的结果有着天壤之别。人类社会的竞争如此，那么，人们对自然界的认识、对自我的认识是否也是如此呢？

举一个简单的例子，要是有人问起世界第一高峰是哪个？珠穆朗玛峰这个答案相信大多数人都能随口说出，说到具体的高度，想必大部分人也了如指掌。但有多少人知道世界第二高峰呢？根据这个命题，不少学者进行了专项调查，甚至问过好几个地理学的博士生，几乎没有多少人能痛痛快快地回答出来。其实，印度境内的乔戈里峰就是世界第二高峰，其海拔高度仅比珠穆朗玛峰低 237 米，就是这二百多米的距离，使得排在第二名的乔戈里峰只被一些狂热的登山运动员所知晓。

第一、最好的总是被人牢牢地记住，这是否是一种残酷的现实呢？

中国有句古话，胜者为王，败者为寇。这句话的另外一种阐释就是“只有第一，没有第二”。这不禁让我们想起了铁娘子——撒切尔夫人。

20世纪30年代，英国一个不出名的小镇上，有一个叫玛格丽特的小姑娘。父亲对她的教育很严格，经常向她灌输这样的观点：无论做什么事情都要力争一流，永远做在别人前面，而不落后于人。即使是坐公共汽车，也要永远坐在第一排。父亲从来不允许她说“我不能”或“太难了”之类的话。

父亲的“残酷”教育培养了玛格丽特积极向上的决心和信心。在以后的学习、生活和工作中，她时时牢记父亲的教导，总是抱着一往无前的精神和必胜的信念，尽自己最大的努力去克服一切困难，事事必争一流，以自己的行动实践着“永远坐在第一排”的理念。

玛格丽特上大学时，学校要求学生们上5年的拉丁文课程，她凭着自己顽强的毅力和拼搏精神，硬是在一年内全部学完了。玛格丽特不光在学业上出类拔萃，她在体育、音乐、演讲及学校的其他活动方面也都一直走在前列，是学生中的佼佼者之一。

40年后，英国乃至整个欧洲政坛上出现了一颗耀眼的明星，她就是1979年成为英国第一位女首相、雄踞政坛长达11年之久、被世界政坛誉为“铁娘子”的玛格丽特·撒切尔夫人。

永远坐第一排，你可以有更大的收获，永远坐第一排，你会更投入，永远坐第一排，你可以少受干扰，集中精力地吸纳，接受。

不管是在工作岗位上，还是在生活中，只有那些“数一数二”的人，才能获得最终的胜利，也才能得到最大的满足。这种彼此之间的看似微小，但实则巨大的差距，源于内心对第一的渴望、对最好的追求。

TUE 学会取长补短，不要让差距加大

人没有生来就成功的，再聪明的人也需要学习别人的长处，以弥补自己的不足。

人生道路上从头到尾都充满着竞争，善待自己的人绝不会甘心落于人后。他们懂得人与人之间层次的不同，多来源于知识储备的差异。在现实生活中，这一点明显地体现在学历上。在同一个单位里，高学历的人，多数拿着高薪，他们从事的工作，你一定不能干吗？答案并非是肯定的，但就是这一点点的差距，决定的将不仅仅是你的金钱、地位，也许还会影响你的一生。

在竞争的每个领域，把赢家和入围者区别开来的就是一些很小的差距，想一想那些二流人物的所得所失吧！他们只比一流人物差一点点，可是在享有的声誉和利益方面却相距甚远。

差距是不可避免的，但缩小差距，弥补差距，这一切都是有可能的。善待自己，弥补不足，这是在竞争中取得胜利的最简单的方法。

理查德·比尔是法国巴黎的一个铁匠，他和法国的其他铁匠一起凭借传统工艺的优势在铁器工艺品制造业中长期处于霸主地位。但是，英国的铁匠发明了一种“分裂法”新工艺，利用这种工艺制造出来的铁器工艺品更加美观，既具有现代工艺品的美感，又有传统工艺品的质感，成本也大大降低。这种铁器工艺技术一经出现，就动摇了比尔及其同行的霸主地位。一些法国传统铁器经营商不得不放弃经营而改行经营其他产品，把自己的市场让给了英国人。但不服输的比尔决心掌握这种新工艺，与英国人比比高低。

比尔曾经带着手风琴走街串巷卖过艺，他又利用这一条件和经验假扮成流浪艺人巡游在欧洲大陆。德国、意大利、比利时、西班牙等各大城市都留下了他的足迹。所到之处，就虚心请教各地铁器行家们的工艺技术。比尔到了英国后，化妆成铁器工匠，到处打工，没用多久就掌握了“分裂法”工艺。

之后，比尔回到法国，和朋友们一起经过多次试验，终于研制出了制作铁器工艺品的“分裂机”。这种“分裂机”制作的工艺品比手工制作的工艺品更加精密，也更加光洁、美观、耐用。比尔和他的同伴们终于又夺回了失去的市场，恢复了昔日的霸主地位。

在竞争中，失败者永远是那些不知道充实自己、不懂得不断成长的人。人没有生来就成功的，再聪明的人也需要学习别人的长处以弥补自己的不足。由于人的生活环境不一样，每个人的成长经历、思维习惯、看问题的角度各不相同，生活中处处有能人，处处都有学问。同一个工艺品，能人制作起来，往往比一般人更快、更好。这是因为能人更善于发现别人的长处，吸收别人的经验，让自己的技艺更加精湛。

吉米总是认为自己是个很聪明的人，可惜的是他一生都很平庸，最后也没能成就任何一件大事。而老觉得自己很笨的杰克却能认识到自己的缺陷，努力弥补自己的不足，发扬自己的特长，从各个方面不断地充实着自己，一点点地超越着自我，最终成就了非凡的业绩。

吉米为此心里很不平衡，以致郁郁而终。他的灵魂飞到了天堂后，质问上帝：“我的聪明才智远远超过杰克，我应该比他更有成就，应该是我成为人间的卓越者啊，可是为什么是他呢？”上帝笑了笑说：“可怜的吉米啊，难道你现在还不明白吗？我把每个人送到尘世间，每个人都背着一个竹篓，竹篓里都放了同样的东西，包括聪明，只不过我把你的竹篓放在了胸前，你因为既能看到又能触摸到自己的聪明而沾沾自喜，不知道虚心向他人学习，不断充实自己，结果你的竹篓里面的东西只出不进，你也只能停留在那个人生高度，这是你自己造成的啊！而杰克的竹篓是背在背上的，他看不到自己的聪明，不把聪明当做资本，他总是在仰头看着前方，虚心地求教于每一个能够成为他老师的人，在取长补短、不断充实自己的过程中，他一生都在不自觉地迈步向前，不断地超越自我！”

取长补短是一种智慧，是从自己的不足出发，想方设法去赶上别人，甚至要超过别人，这种虚心的态度、进取的精神无疑是宝贵的。

人的成长，是一个不断发展自我、充实自我，使之成熟的过程。人生是一条奔腾不息的河流，永远不会停留在一个地方，也不会停留在某一阶段，它需要不断地超越，需要每一个人取长补短地充实自己，获得更多的知识、能力和资本，这才是善待自己的竞争法则。

WED 发现自我，找到发动引擎的钥匙

1 分钱和 20 元钱如果同时被扔进大海中，它们的价值就毫无区别。只有当你将它们捞起来，并按照正确的方式使用时，它们才会各自显现其价值。

曾经听过这样一个小笑话：据说在很久以前，一个老汉在自己家的农田里挖掘出大量的石油，在一夕之间成了百万富翁，穷苦了大半辈子的他，发财后马上买了一辆奔驰高级轿车。这辆车堪称当时款式最新、马力最强的车型，但老人没有驾驶过它，因为在这辆气派非凡的汽车前，老人安排了两匹马儿负责拉车，即使机械师再三保证汽车本身的引擎完全正常，但是老人却从没想过要用钥匙激活引擎！

老人的愚笨看似可笑，其实就是现实生活中某些人处事的缩影。生活中，许多人都犯过相同的错误，他们总是看着别人的成绩而自叹不如，同时又怨声载道地抱怨别人靠的是家庭背景才迅速成功的。他们就像老汉一样，只知道车外那两匹马的力量，却不知道车内的引擎足足有一百匹马力之强。

如果你不能发现自己的优势和价值，而总是看到自己的短处和不足，那么即使你像老汉那样拥有了一辆马力强劲的汽车，你也不懂得怎样用钥匙发动它。

有人曾说过："1分钱和20元钱如果同时被扔进大海中，它们的价值就毫无区别。"只有当你将它们捞起来，并按照正确的方式使用时，它们才会各自显现其价值。

《圣经》中有个关于才能的故事，大意是说上帝曾经分别给了三个人几种才能，不过第一个人只有一种才能，第二个人有三种，第三个人有五种。一段时间之后，上帝突然问起他们在此期间都做了些什么事情。第三个人回答说："我利用5种才能努力工作，结果却因此具备了10种才能。"上帝听完之后，很高兴地夸奖他："你做得很好！由于你善于利用才能，因此我将赋予你更多的才能。"

第二个人也同样地增加了自己的才能，但是第一个人却抱怨说："主啊！你给了别人很多才能，却只给我一种，真是不公平啊！我知道你是既严厉又残忍的主，所以我把你给我的才能给埋葬了。"上帝闻言后，很生气地说："你真是又懒又坏！"随后便取走了他的才能，转而恩赐给其他两个人。

每个人生来都不是完美的，都会有不足之处，同时，每个人又都是一座宝藏，所不同的是，有些人在年轻力壮时就开始挖掘自己，以至于让自己快速地蜕变，显现出耀阳的光芒。而有些人从一开始就浑浑噩噩地过日子，他们虽然也有着自己的梦想，但他们的脚步从来都没有离开过温暖的床榻。待到年老时，看到那些出外闯荡的人都衣锦还乡，再想挖掘自己、闯荡世界，已经有心而无力了。

其实，每个人身上都存在着未被开发过的领域，若你消极地认为“天生就是如此”，那说明你对自己缺乏正确的认识，就像小河觉得自己只是流动的液体，却没发现自己也可以是飘浮在空中的水汽。挖掘自己的潜力，你就能够有所突破，而这种改变的勇气，也是成功者必须具备的特质之一。

从前，美国有个相貌极丑的人，走在街上行人都要对他多看一眼。他从不修饰，到死都不在乎衣着。甚至已经担任高职，举止仍是田间农夫的样子，仍然不穿外衣就去开门，不戴手套就去歌剧院，讲不得体的笑话，往往在公众场合忽然忧郁起来，不言不语。无论在什么地方——法院、讲坛、国会、农庄，甚至于他自己家里，他处处都显得难以相容。

他不但出身贫贱，而且身世蒙羞，是个私生子，他一生都对这个缺点非常敏感。

没人出身比他更低，但却没人比他成就更高。

他就是后来的美国大总统——林肯。

一个人有这么多的弱点而不去补偿，他怎么取得非凡的成就呢？

对于林肯来说，他并不是用每一个长处抵每一个短处来求补偿，而是凭借伟大的睿智与情操，使自己凌驾于一切短处之上，置身于更高的境界。他只在一个方面，就是教育方面，直接补偿了自己的不足。他拼命自修来克服早期的障碍。他在烛光、灯光和火光前读书，读得眼球在眼眶里越陷越深。他填写国会议员履历，在“教育”这个项目下填的是“有缺点”。

发现自己，从自身的某一点进行突破，命运的闸门才会最终被你涌破，生命之水才能在梦想的河渠里尽情流淌。

毕淑敏说：“如果把人间比作原野，每个人都是这片原野上生长着的茂盛植物，这种植物会开出美丽的三色花：一瓣是黄色的，代表我们的身体；一瓣是红色的，代表我们的心理；还有一瓣是蓝色的，代表我们的社会功能。”如果想让这朵三色花开得更为艳丽，常开不谢，你就需要不断地给自己浇水、施肥，发觉自身的生长特点和最适宜生存的环境。人生的灿烂不仅仅需要外界的阳光，更多的是需要你发现自己。

THU 让学习成为一种习惯，让成长永无止境

学校里学到的知识直接用于工作的部分几乎没有多少。参加工作之后，我才开始真正地学习用以谋生的知识！

对于刚刚步入社会的年轻人来说，行业与职场上的竞争压力日渐增大，一个人要想在社会上更好地生存，在自己的职位上谋求更大的发展，在生活中拥有更高的生活条件，就必须让自己懂得并践行终生学习的道理。

苏格拉底曾说：“世上只有一样东西是珍宝，那就是知识；世上只有一样东西是罪恶，那就是无知。”由此可见，终生学习，不断获得新知的重要性和必要性。“我们今天知道的东西到明天就会过时。如果我们停止学习，就会停滞不前。”多萝茜·比琳顿的这句话，再一次强调了终生学习与自我进步相辅相成的关系。

“逆水行舟，不进则退”的道理听起来很浅显，但做起来实属不易。终生学习就是要随时保持高涨的求知热情，以谦虚的心态观察周围的事物和人，见贤思齐，学习他人的优点，掌握更精深的专业技能。如果你认为自己已经学会了一切，并不准备继续学习了，那么在你做出这个决定的那一刻就是你的竞争对

手开始超越你的时刻。只有准备用一生去学习并付诸行动的人才会获得更长久的发展！

在教室里，一群聚集在一起的大四学生正在讨论着即将开始的考试——大学时代最后一科考试。他们脸上充满了自信和愉悦，走出校门的一天终于就要到来了。他们中有些人已经找到了工作，有的即将会得到工作。带着四年在学校学到的知识，他们相信自己已经准备好了去接受社会的挑战。

他们知道这场考试将会是“小菜一碟”，因为教授说过，他们可以带任何书或笔记，只要不交头接耳就可以了。

他们兴冲冲地走进了考场，当教授把试卷发下来后他们的笑容更灿烂了，因为只有五道题目。

三个小时过去了，考试就要结束了，教授已经准备收试卷了。此时大家看起来已不再那么自信了，他们脸上是一种焦躁不安的表情，没有人说话。教授看着他们问：“完成五道题的有多少人？”没有一个人举手。教授又问：“完成四道的有没有？”还是没人举手。

“三道、两道呢？”学生们此时有些不安了。教授又问：“那做出来一道的总该有吧？”

但教室仍是一片沉默。教授继续说：“这其实正是我期望的结果，我想让你们知道：即使你们已经完成了四年的大学学习，但你们不知道的还有很多，仅仅是专业上你们也还有很多不知道的。”然后微笑着对他们补充道：“你们都会通过这次考试，但请大家记住：即使你们已经毕业，你们学习的路程也只是刚刚开始，你们需要用一生去学习！”

许多年轻人在即将步入社会或刚刚步入的时候，都拥有奋力打拼，成就事业的野心，他们往往觉得自己已经学成出师了，该到大显身手、建功立业的时候了，他们觉得在学校的时间才是真正学习的时间，走出学校需要的就是拼搏、拼

搏、再拼搏。

事实真的是这样吗？就一个普普通通的本科毕业生来说，6年小学、6年中学、4年大学，加一起有16年的时间待在学校，那么一个人在学校到底学到了什么东西？

你肯定听到过新入职的毕业生说过，“学校里学到的知识直接用于工作的部分几乎没有多少。参加工作之后，我才开始真正地学习用以谋生的知识！”

被称为“台湾芯片之父”的张仲谋曾说：“当我回顾这几十年的工作生涯，我发现只有在工作前5年，用得到过去在大学、研究院所学的20%~30%的知识，之后的工作生涯，直接用到的部分几乎等于零。”

宋朝思想家朱熹说：“无一人不学，无一时不学，无一地不学，无一物不学。”这正是终生学习的一种境界。我们常说“活到老，学到老”，在生活和工作中不断地充实自己的头脑，积聚更多更新的知识，在“升级”大脑的同时，增强自身的竞争力，成功和财富就会自然而然地流到你的身边。

FRI 让知识成为垫脚石，让眼界与未来同行

人不光是靠他生来就拥有的一切，而是靠他从学习中所得到的一切来造就自己。

“世上只有一样东西是珍宝，那就是知识；世上只有一样东西是罪恶，那就是无知。”苏格拉底的这句话着重强调了获取知识的重要性。那么，我们怎样获取知识呢？天外天伞业董事长徐海南曾说：“我把学习称作充电、洗脑子，只有

不断地洗脑，吸收新知识和养分，才能适应瞬息万变的市场，增强自身的抗风险能力，不断发展壮大。”由此可见，不断充实自己，给自己充电是获得新知识的一条重要途径，其对于一个人职业生涯的发展有着深远的影响。

给自己充电，不断获得新的知识，是每一个有理想、有追求的人都要亲身实践的事情和一种成功的习惯。这一点就连亚洲首富李嘉诚也不敢怠慢和轻视。

李嘉诚的名字早已响彻世界，其拥有一个巨大的工商业王国，被称为亚洲首富、世界十大富豪之一。李嘉诚的富有不是天生的，从前身无分文的李嘉诚如何赚得第一桶金？出身寒微的李嘉诚如何征服名门小姐的芳心？李嘉诚如何从小老板变为“塑胶花大王”？李嘉诚如何把握房地产市场良机？李嘉诚如何兵不血刃以7亿元搏60亿元？李嘉诚如何连续多年稳居全球华人首富宝座？这些答案的背后除了胆识、机遇、人脉等，有一个共同点，那就是李嘉诚拥有开阔的眼界和能够符合未来发展需求的丰富的知识，而这一点正来自于其不断地为自己充电。

有位记者曾问李嘉诚：“今天你拥有如此巨大的商业王国，靠的是什么？”李嘉诚回答说：“依靠知识。”有位外商也曾经问过李嘉诚：“李先生，您成功靠什么？”李嘉诚毫不犹豫地回答：“靠学习，不断地学习。”不断地学习知识，给自己充电，是李嘉诚成功的奥秘！

李嘉诚说：“在知识经济的时代里，如果你有资金，但缺乏知识，没有最新的信息，无论何种行业，你越拼搏，失败的可能性越大；但是你有知识，即使没有资金的话，小小的付出也能够有回报，并且很有可能达到成功。现在跟数十年前相比，知识和资金在通往成功的道路上所起的作用完全不同。”

李嘉诚的话充分说明了一个人要想成功，及时储备知识和不断提升自己是关键的一个环节。21世纪将会是“智本家”们独领风骚、大行其道的时代。对于普通人来说，储备知识，为自己充电，更是迫在眉睫的事情。

有句话说“唯一不变的就是变化”，在高等教育日渐普及的今天，人才越来越多，谁也不能凭借一纸文凭吃上一辈子了。

利用时间，自主学习，是给自己进行充电的基本手段。法布尔说：“学习这件事不在于有没有人教你，最重要的是自己有没有觉悟和恒心。”在树立自主学习的意识之后，学会处处留心，不断积累，一个人的知识底蕴才会越来越丰富。

歌德说：“人不光是靠他生来就拥有的一切，而是靠他从学习中所得到的一切来造就自己。”因此，不断学习、经常充电是人生必不可少的事情，同时我们也要学会用所学的知识来改造自己。提升对知识的驾驭能力、对问题的解决能力、对资源的整合能力，这将会是现代“智本家”们获得十倍速、百倍速发展的制胜法宝。

不断学习，储备知识，在给自己充电的过程中活学活用自己的知识，同时发现有价值、有商机的信息，让自己的头脑与未来的发展步调一致，你的竞争资本就大大强于别人，即使是领取成功的号码牌，你也一定会排在队伍的前面。

SAT 不继续成长，被淘汰就在眼前

一个人无论在顺境还是在逆境中，不断地自我完善和充电是其能够给生活、事业打开新局面的绝佳方法。

一个人的成长，是伴随他一生的。即使是身体技能开始衰竭的时候，对大脑的投资，也不应停止。我们的生活就像一辆不断提速的火车，飞快地向前行驶，而根据牛顿经典力学第一定律的原理，坐在车中的我们，如果不同步提高自

己的速度，在某个大转弯处，就会在惯性的作用下狠狠向后退，甚至被甩下。当你被甩下之后，你才会发现自己的知识结构已经跟不上时代的发展，那时再想弥补，但迫于生活的压力，困难将比现在逐渐给自己充电要大得多。

现实生活中，生活的压力有多大，竞争到底意味着什么，出入职场的年轻人也许认识不清，但有几年工作经验的朋友则会对压力与竞争深有感触。有这样一则流传于职场中的故事：夜幕下的草原上，一头狮子在沉思：当明天的太阳升起，我要拼命地奔跑，追上跑得最快的那只羚羊。与此同时，一只羚羊也在思考：当明天的太阳升起，我要拼命地奔跑，逃脱跑得最快的那只狮子的追赶。

在目前这个经济社会下，一旦投身其中，无论你是狮子或是羚羊，当太阳升起，你要做的，就是奔跑。每个人都有一定程度的危机感，而消除这种危机感的唯一途径就是提高自身的文化素质。

吴孟达是如今香港影坛大腕级的喜剧演员，他最初入行完全是为了养家糊口，把演戏当做一个纯粹的工作，从来不知道表演是什么。而演艺圈是个浮躁的地方，他在出演了一些角色后，收入渐渐好起来便开始敷衍了事，机械地说台词，走位，收工后就同一帮朋友去通宵喝酒，久而久之，恶性循环，每天拍戏也会迟到，加上他的演出，用导演的话说完全没有灵魂，也就是没有个人特色和内涵，慢慢地，没有人再找他演戏，他的事业步入低谷，遭遇人生的滑铁卢，日常生活都变得窘迫起来。

可就是在这段最灰暗的岁月里，他开始重新审视自己和自己的职业，开始看表演方面的书籍，揣摩笑有多少种笑，哭有多少种哭。终于，当他再次有了演出机会，他的厚积薄发，终于没有辜负他的付出，在电影《天若有情》里饰演了一个唯唯诺诺，后来反戈一击的小混混，搞笑而悲凉，一鸣惊人，夺得了当年香港金像奖最佳男配角奖。

同样，在早期的港台电视剧、电影中，今天的喜剧巨星周星驰常常是一个御用龙套，他从龙套起家，后来成为香港最善于捧红龙套的导演，而亚洲最好的

“龙套”传记片就是他的《喜剧之王》。

十多年前，吴孟达和周星驰结识，两人年龄差一轮，但一样郁郁不得志，当时两人都比较落魄，住处又只隔一条马路，因此常常聚在一起探讨剧本。吴孟达说：“我们住的地方之间有一家美国餐厅，24 小时营业，当年接到《他来自江湖》的剧本，我们就常到那里坐在一起研究台词、研究表演。”

正是在这样的不断钻研中，最后两人都形成了一种独特的“无厘头”的表演特色，周星驰更成为一代喜剧大师。

从周星驰与吴孟达的成名经历中，我们不难体会为自己的事业不断奋斗的精神，更重要的是，他们及时地认识到自己在表演上的不足，积极地看书学习，相互交流，在充实大脑，充实知识的过程中，水到渠成地走向了他们事业的巅峰。

因此，我们要相信，一个人无论在顺境还是在逆境中，不断地自我完善和充电是一个能够给生活、事业打开新局面的绝佳方法。行动起来吧，还等什么，每当你多学会一样技能，多提高一种能力，就朝成功的金字塔更上了一步。

SUN 受雇不会终生，学习永无终止

不及时吸收新的技能和知识，你的“自备资源库”就可能常常处于入不敷出的状态，对于追求稳定生活的你，坐吃山空显然不是长远之计。

学无止境，这句话在我们的学生时代经常被提及，步入社会后，你是否把这

句话忘到九霄云外了呢？你要知道，你的知识储备会随着社会的发展和竞争的加剧而变得日渐单薄，如果不及时吸收新的技能和知识，你的“自备资源库”就可能常常处于入不敷出的状态，对于追求稳定生活的你，坐吃山空显然不是长远之计。

一个人不管你以前积累了多么丰富的知识，都应该有谦虚的态度，认识到充实自己的重要性，这样你才能一个台阶一个台阶地不断向上发展。

苏轼从小喜欢读书。他天资聪明，记忆力特别强，每看完一篇文章，就能一字不漏地背出来。几年苦读，年轻的苏轼已是饱学之士。一天，苏轼乘着酒兴，挥笔写了一副对联，命家人贴在大门口：读遍天下书，识尽人间字。

这天，苏轼正在家里看书，忽听仆人通报门外有人求见。他出来一看，是一位白发苍苍的老太婆，便问道：“老人家有什么事？”老婆婆指指门上的对联，问：“先生真已读遍天下书，识尽人间字了？”苏轼一听，心里很不高兴，傲慢地说：“难道我能骗人？”老婆婆从口袋里摸出一本书，递上前说：“我这里有一本书，请先生帮我识识看，那上面写的是什么？”苏轼想：“这有何难！”他接过书，看也不看，就说：“你听着，我念给你听！”可他仔细一看，从头翻到尾，又从尾翻到头，那书上的字竟一个也不认得。苏轼急得满头大汗，只得问：“你这书是从哪里来的？”老婆婆笑笑说：“先生，别问是哪里来的啦！天下的书你不是都已读完了吗？”苏轼满脸通红，只好回答说：“我没有读过这本书。”“你这本书都没有读过，那为什么要贴这副对联呢？”老婆婆问道。苏轼听了，羞愧万分，伸手想把门上的对联撕掉。老婆婆忙上前阻止道：“慢！我把这副对联改一下吧。”边说边把对联改成：发奋读遍天下书，立志识尽人间字。

并谆谆告诫说：“年轻人，学无止境啊！”苏轼回到书房，立刻找出启蒙老师曾经赠给自己的“学无止境”的条幅，把它张贴起来。从此，他谦恭苦读，勤奋学习，终于成为有名的大学问家。

不自满，多勤奋，及时地充实自己的知识，取得一番成就只是时间和机遇的事情，等到这一切都成熟之后，你的人生就会像迎着东风的帆船一样，急速航行。

多年前，一位劳苦的牧羊人领着两个年幼的儿子以替别人放羊来维持生计。一天，他们赶着羊来到一个山坡，这时，一群大雁叫着从他们的头顶上飞过，并很快消失在远处。牧羊人的小儿子问他的父亲："大雁要往哪里飞？""它们要去一个温暖的地方，在那里安家，度过寒冷的冬天。"牧羊人说。小儿子问："他们为什么能够长久地飞行呢？"牧羊人说："因为他们小时候听从妈妈的教诲，认真学习飞行的本领，不断掌握知识，更为重要的是，它们最终把这种知识变成了飞行的能力。"

他的大儿子眨着眼睛羡慕地说："要是我们也能像大雁一样飞起来就好了，那我就要飞得比大雁还要高，去天堂，看妈妈是不是在那里。"小儿子也对父亲说："做个会飞的大雁多好啊！那样就不用放羊了，可以飞到自己想去的地方。"

牧羊人沉默了一下，然后对两个儿子说："只要你们想，你们也能飞起来，关键是你们是否有飞行的知识，是否能把这些知识变成能力。"听完这番话，两个儿子试了试，并没有飞起来。他们用怀疑的眼神看着父亲。

牧羊人说，"让我飞给你们看，于是他飞了两下，也没飞起来。"牧羊人肯定地说，"我是因为年纪大，学不了飞行的本领了，没有起飞的能力，所以才飞不起来，但你们还小，只要不断努力，就一定能飞起来，去想去的地方。"

儿子们牢牢记住了父亲的话，并一直不断地努力，学习飞行的知识，等他们长大以后，果然飞起来了，他们发明了飞机，他们就是美国的莱特兄弟。

每一个人，都有一个"飞行"的梦想，有的人最终飞了起来，看到了蓝天、白云和更广阔的天地，它们的人生走得更远，更美好。而有的人，只能在风烛残年懊悔地行走在自己那几平方米的天地里。之所以有这么大的不同，不是机遇垂青于否，不是命运捉弄与否，是因为在年轻的时候，在成长的过程中，个人对自己大脑的投资程度不同，才造就了不同的人生。

投资自己，是新时代青年人应必备的一种生存能力，不断投资、不断接受新鲜事物是一种成长。事物的发展趋势就是变化，看似亘古不变的宇宙事实上时时都在变，酝酿着大变革。环境改变，人也就要随之改变。在生活中，敢于迎接新鲜的事物，学习新鲜的知识，飞翔于广阔的天空就是指日可待的事情。

第 11 章

保持本色的自己，用思想敲开幸福的大门

Be Kind To Yourself Everyday

一个人的喜怒哀乐、成败得失，所有的一切，都可以涵盖在想法这两个字眼里。生命是敏感的，它总在生活的现实中如同激越的力量向前涌动，不断产生出新的思想，它改变着生命的轨迹与现实的困境，产生了欢快和忧郁的节奏，也伴随着超越未来和介入现实的力量涌动，覆盖了我们生活的每时每刻……

生活中，有些人用敏锐的思想创造了属于自己的生活节奏——好似旋律滑过了寂静，留下了深刻的记忆，又好似热情燃烧的土地，收获了整个秋天丰硕的果实。在年轻人原本不安但又缓慢的生活中，隐蔽着诸多思想冲动的激流，我们在不断追寻幸福的路上，发现各自对生活的理解，展现思考的价值，发挥创意的力量，用驱赶生活的步伐，感受着改变带来的快乐。

MON 换一种想法，窗外将是另一番风景

思想有多远，你就能走多远，不同的思维决定不同的出路。平庸的人只知道“埋头拉车”，而成功的人却能“低头去想”。

曾经有两个囚犯，从狱中望窗外，一个看到的是满目泥土，一个看到的是万点星光。前者悲伤而死，后者欢笑一生。

不同的处世态度，不同的思考方法，其结果往往大相径庭。态度是长期培养得来的，而想法则可以在灵光一现间给你带来巨大的突破。

一般人认为，拾破烂的一定是穷人，一辈子干这个，不仅抬不起头来，而且更不会发家致富。靠拾破烂成为百万富翁，那简直就是违背了客观规律，简直近乎天方夜谭的事。可是，真就有人做到了。

沈阳有个以拾破烂为生的人，名叫王洪怀。有一天他突发奇想：收一个易拉罐，才赚几分钱。如果将它熔化了，作为金属材料卖，是否可以多卖些钱？于是他把一个空罐剪碎，装进自行车的铃盖里，熔化成一块指甲大小的银灰色金属，然后花了 600 元在市有色金属研究所做了化验。化验结果出来了，这是一种很贵重的铝镁合金！当时市场上的铝锭价格，每吨在 14000 元至 18000 元，每个空易拉罐重 18.5 克，54000 个就是 1 吨，这样算下来，卖熔化后的材料比直接卖易拉罐要多赚六七倍钱。他决定回收易拉罐熔炼。

从拾易拉罐到炼易拉罐，一念之间，不仅改变了他所做的工作的性质，也让他的人生走上另外一条轨道。

为了多收到易拉罐，他把回收价格从每个几分钱提高到每个一角四分，又将回收价格以及指定收购地点印在卡片上，向所有收破烂的同行散发。一周以后，王洪怀骑着自行车到指定地点一看，只见一大片货车在等待他，车上装的全是空易拉罐。这一天，他回收了 13 万多个，足足 2.5 吨。

向他提供易拉罐的同行们，卸完货仍然又去拾他们的破烂，而王怀洪却彻底变了。

他立即办了一个金属再生加工厂。一年内，加工厂用空易拉罐炼出了二百四十多吨铝锭，3 年内，赚了 270 万元。他从一个“拾荒者”一跃成为百万富翁。

收破烂的人到百万富翁的距离有多远，王洪怀用他的行动给予了我们最实际的答案——一个想法。能够想到不仅是拾，还要改造拾来的东西，这已经不简单了。改造之后能够送到科研机构去化验，就更具有专业眼光。

哲人说，有什么样的想法，就会有什么样的命运。在任何关键的时候，正确的想法都是解决问题的唯一途径。

思想有多远，你就能走多远，不同的思维决定不同的出路。一个人在做事之前，一定要善于变换角度看问题，学会变通是跨越生命障碍、走向成熟的重要一步。激动人心的成功总是和出类拔萃的创意联系在一起，善于改变自己的思维，就会取得非同一般的成效。

有一家饮料公司生产的一种饮料原先销路不畅，后来他们采纳了一位专家的建议，在每包饮料的包装上印上一则别具动人的很有诗意的爱情小故事，并将此饮料命名为“爱情饮料”。品种依旧，但包装一换，马上就吸引了众多的青年男女，他们边饮用边欣赏故事。接着该公司又动脑筋搞了个征文比赛，将从中选出的爱情故事印在包装上，反响十分强烈，参赛者踊跃。这些参赛者还做了公司的义务推销员，饮料销量顿时猛增。

无独有偶，日本有个叫吉田正夫的人，他有一次去外地省亲，在市集上看到一个渔民在摆弄一种小虾，这种虾不是用来吃而是用来观赏的。原来这种虾产于日本的南方，自幼就习惯于成双成对地生活在石缝中，长大后已无法从石缝中游出来，就这样在石缝中度过一生。渔民根据这种虾的特性，捕捞后，把它们一对对放在稍作加工的石缝中，注入清水，略加装饰，作为观赏性的小动物出售。

但吉田正夫更进一步想，这些小虾成双成对地在石缝中生活一辈子，不是可以作为爱情专一的象征吗？吉田正夫顾不得省亲，急忙赶回东京，经过一番筹划后，在东京开了一间结婚礼品商店，专卖这种小虾。

他经过精心设计，使用一种小巧玲珑的玻璃箱，将人工制作的假山石置于其中，作为小虾的“房子”，再装饰一些水生植物，注入清水，让虾在“石房子”内生活得十分安逸。纪念品上还附有简短说明，把小虾从一而终、白头偕老的故事描绘得真切动人。许多新婚夫妇见了后都会买一件带回家，甚至很多老夫老妻也纷纷买一件回去作观赏和纪念。

东西相同，皆因想法的差异、经营方式的不同，最终收到的效果就会完全不一样。饮料还是原来的饮料，小虾依旧是原来的小虾，但加上一个故事、一个寓意之后，产品变得好玩起来，一下吸引了顾客的眼球，成了抢手货，而且身价倍增。

在这个世界上，绝对无用的东西或失败的事物是没有的，就像“天生我才必有用”一样。同一种事物，在不同的人眼里，或者在不同的际遇里，往往会有不同的价值，关键还是看你怎么去运作和经营。

有人经常说：“我忙得没有时间去想。”然而，就是“没时间去想”这五个字，却成为成功与失败的分水岭。平庸的人只知道“埋头拉车”，而成功的人却能“低头去想”，换个角度去思考。正因如此，他们才能够找到解决事情的最好的方法。

TUE 善于发现，勤于思考

思考即可以作为武器摧毁自己，也能作为利器，开创一片充满智慧、无限快乐的人生新天地。

报刊亭在我们的日常生活中随处可见，很多人把它看做小本经营，只为糊口。每天坐等顾客上门。而卡里比则与他们不同，在经营中他发现，很多人对高档杂志有大量地阅读需求，但往往因为动辄几十元的零售价格望而却步。于是，他自创了1套崭新的经营模式，发展会员制将杂志租给客户，每个客户每月交30元会费和20元押金，就可以不断租杂志回家看。

很快他就发展了几百名会员，测算下来他1个月能挣到8000元，收入水平远远超过同行。

善于发现，勤于思考，结果就会如卡里比一样，在简单的工作岗位上做出出色的业绩，使得自己尽快起步，起飞。

《百万英镑》是马克·吐温著名的小说作品，也许你也品读过它，但你却不一定上过网站“百万美元主页”。它不卖小说，也不卖电影，而是一个既像棋盘又像拼图的网址大全。网站首页被划分成1万个格子。只需花100美元买下其中一格，全世界就都可以通过点击它找到你的网页。建这个网站只花了英国学生亚历克斯·图10分钟的时间，但迄今为止它已为他赚下近百万美元。

亚历克斯是家里四兄弟中最小的一个。一年暑假，高中毕业的亚历克斯为大学学费发愁，但又不想向银行贷款。整整一个夏天，他天天冥思苦想如何赚钱。8月26日深夜，一个点子突然蹦入亚历克斯的脑海。

亚历克斯在互联网上花10分钟建立了一个网站，起名为“百万美元主页”。他将主页划分为1万个小格，每个格子的大小为10乘以10像素，售价100美元。买家可以在自己买下的格子中放上任何东西，包括自己网站的图标、名字或网址链接。

起初，亚历克斯并未对此抱太大希望。虽然网站号称“百万美元”，但他认为能卖出百分之一、百分之二的格子就不错了。不料，这个网站出炉后竟异常受欢迎。订单源源不断而来，平均每天有40个格子被人买走。

截至这一年12月26日，这一成本仅50英镑的网站已为亚历克斯带来九十多万美元。换句话说，1万个格子已成功售出9千余个。离“百万美元”的终极目标已非常接近。有网友调侃说，如今非但亚历克斯自己不用再为学费发愁，连他下一代的学费都赚足了。

“百万美元主页”如今已声名远播。每天亚历克斯都能收到几千封电子邮件，包括中国在内，已有26个国家的媒体采访过他。

靠卖“格子”变成百万富翁，听来像神话，但在这个网络经济时代，却被亚历克斯变成了现实。自从IT巨人比尔·盖茨获得成功后，网上淘金的热潮就从未中断过。在中国，李想等靠网络发家致富的名字也越来越多。他们除了对计算机、网络等方面的知识非常精湛之外，另一个共同之处就是善于思考，并能够发现机遇。

生活中有这样一种人，他们总是在看到别人成功之后，悔恨自己当初没有想到这个点子，而让财富与自己擦身而过。一次又一次，从来都是只有悔恨，而没有抓住机遇后的欣喜。究其原因，事后诸葛亮谁都会当，而在事情开始时就像诸葛亮一样善于谋划，善于思考的人却星星点点。

如今当越来越多的人知道“百万美元主页”后，简单的模仿者层出不穷，其中获利者寥寥无几，而有个人则受到它的启发，借助自己的思考和“百万美元主页”的优势，又一次创造了一个白手起家的奇迹。

当我们点击进入“百万美元主页”，眼前就出现了一张“彩色地图”。从电影下载到人才招聘，从廉价CD到疾病治疗，从乐器吧到礼品铺，从租赁广告到个人博客，各种网站应有尽有。只有成人网站被拒之门外。

好创意往往能催生新点子。有一个人在登录这个主页几次后，突发奇想，借“百万美元主页”的点击率想出了一个赚钱新招。

在主页中下方，一个格子里赫然出现美国已故影星玛莉莲·梦露的面容。原来这是个“世界名人堂”网站的链接。该网站首页有一个600乘以450像素大小的“相框”，一旁附有说明：任何想要“出名”的人都可租用这个相框，上传“尊容”以及网站链接以供全世界“瞻仰”。费用为每分钟1美元，15分钟起租。

广告词这样写道：“人人都能扬名世界！……我们已为您在世界著名网站‘百万美元主页’上占据一席之地，保证全世界的人都能看到您的脸……在您展露于历史中的这段时间里，数以千计的人会点击玛莉莲（的图片），然后就被链接到我们的网页，而您就在那里。”

很多人都曾憧憬过自己有一夜暴富的一天，很多人的想法和头脑都用在了憧憬过程中的描绘、想象上，到了现实生活中，思想仍很陈旧，思维仍局限于固定的框框中。人活着就要不断思考，因为我们可以用思考来改变现实状况，当我们一无所有只剩一颗脑袋时，同样可以开创属于自己的人生。

最近，一家饭店生意火爆，原因之一是推出了一项别人没有的简单优惠。这家饭店规定，等候20分钟以上的顾客可以全单打8折，等候10分钟的可以打9折，而在晚上6点半以前离开饭店的客人也可以打8折。如此一来，餐桌翻台率大大提高，愿意等的人数量也大大增加，小小的折扣杠杆为这家店撬动了更大的市场。

WED 失败总有借口，成功更有方法

抛弃找借口的习惯，你就会在工作中学会大量解决问题的技巧，这样借口就会离你越来越远，而成功就会离你越来越近。

很多人在生活和工作中习惯于将一些借口放在嘴边，以掩饰自己的懒惰、平庸、无能。就如小时候，每当我们不小心摔倒后，第一个念头就是找找看是什么东西绊了脚一样。我们总是怪别人乱放东西，尽管那样做对于疼痛的减轻并没有直接效果，这也不是自己跌倒的直接原因，但能找到一个可以责怪的对象多少算是一种安慰，可以证明自己没有责任。

多年以后，当我们肩上的担子更加沉重，当挫折接二连三地出现时，也总是不自觉地会找出许多客观原因来开脱自己，实在找不到原因时就说自己的命不好。我们并不认为这样开脱自己其实是一种绝对的幼稚，因为我们总在想方设法地一次又一次欺骗自己。

仔细想想，为什么你收获很少，至今仍没有按照自己的意愿生活呢？是否因为你总是习惯于失败，有借口地去失败，而缺少寻找方法、开拓思路的勇气呢？

1971 年，徐明出生于辽宁庄河，是一个典型的东北人，身上天生有一种桀骜不驯的因子。从沈阳航空航天大学毕业后，徐明被分配到大连庄河县的经贸委工作。两年后，徐明决定自己闯一闯。毅然辞掉公职后，豪气满怀的徐明便单枪匹马地来到车水马龙的大连。

当一踏进快节奏的大连时，高度敏感的徐明便发现自己并不占有什么优势，只不过是沧海一粟而已。但对于勇于接受挑战的人，机会总是有的。两年的平凡工作使得徐明对国家的国内贸易政策烂熟于心，并发现了一个发财致富的大好商机。那就是在对虾出口需要许可证的年代，却没有对熟虾出口实行许可证的规定。无疑，这是一个可遇而不可求的机会。当徐明将这个重大发现告诉一个从事虾出口的外商时，外商在感激不已的同时，极力劝说刚刚辞职下海的徐明一同来做。1992年，徐明开始从事卖虾的生意。在买入1吨虾为7万元左右，卖出却为37万元之多的情形下，没过多久，徐明便轻而易举地从一个毫无资产可言的普通人一举变为拥有千万资产的大亨。也就在这一买一卖中，不到20岁的徐明便赚了3000万元，为自己掘到了人生的第一桶金。

只有拥有与众不同的思维，才能永远走在他人的前面。从某种意义上说，在现在这个商业社会里，与众不同也就代表着财富。

这是一个讲求创意、创新致富的年代，没有灵活的思路，没有先人一步的胆识，唯唯诺诺地跟在别人的后面，虽然看似稳妥，风险很小，但收获的可能性也会相应更低。

“方法总比问题多”，在遇到困难时，智者通常会这样鼓励自己，他们对拥有种种借口的愚者往往嗤之以鼻。不会思考，只会退缩的人，注定难能成其大事。

拥有自己独特的思想，做事前多多思考，才更容易获得突破。总是跟在别人的后面跑，就只能吃别人的剩饭，要想胜人一筹，就要独辟蹊径。做事讲方法是成功者的第一思维模式。

两个青年一同开山，一个把石块砸成石子运到路边，卖给建房的人；一个人把石块运到码头，卖给杭州的花鸟商人。3年后，他们成为村上第一批盖起瓦房的人。

后来，不许开山，只许种树，于是这儿成了果园。每到秋天，漫山遍野的鸭梨招来八方客商，他们把堆积如山的梨子成筐成筐地运往北京和上海，然后再发往韩国和日本。因为这儿的梨，汁浓肉脆，纯正无比。

就在村上的人为鸭梨带来的小康日子欢呼雀跃时，曾卖过石头的那个人卖掉果树，开始种柳。因为他发现，来这儿的客商不愁挑不到好梨子，只愁买不到盛梨的筐。5年后，他成为村里第一个在城里买房的人。

再后来，一条铁路从这儿贯穿南北，这儿的人上车后，可以北到北京，南抵九龙。小村对外开放，果农也由卖果开始谈论果品加工及市场开发。就在一些人开始集资办厂的时候，还是那个村民，在他的地头砌了一堵3米高、百米长的墙。这堵墙面向铁路，背依翠柳，两旁是一望无际的万亩梨园。坐车经过这里的人，在欣赏盛开的梨花时，会突然看到四个大字：可口可乐。据说这是五百里山川中唯一的一个广告，那堵墙的主人凭着这堵墙，第一个走出了小村，因为他每年有4万元的额外收入。

20世纪90年代末，日本丰田公司亚洲区代表山田信一来华考察，当他坐火车路过这个小山村时，听到这个故事，他被主人公罕见的商业化头脑所震惊，当即决定下车寻找这个人。

当山田信一找到这个人的时候，他正在自己的店门口与对门的店主吵架，因为他店里的一套西装标价800元，同样的西装对门标价750元；他标价750元的时候，对门就标价700元。一个月下来，他仅批发出8套西装，而对门却批发出800套。

山田信一看到这种情形，非常失望，以为被讲故事的人欺骗了。当他弄清真相后，立即决定以百万年薪聘请他，因为对门的那个店也是他开的。

世界著名的成功学大师拿破仑·希尔曾著过《思考致富》一书。为什么是“思考”致富，而不是“努力工作”致富？希尔强调，最努力工作的人最终绝不会富有。如果你想变富，你需要“思考”，独立思考而不是盲从他人。成功者最大的一项资产就是他们的思考方式与别人不同，就是在于他们做事时拥有更多的更为合理的方法。

某些年轻人看到别人做出不凡的成就时，往往会认为他们是起点高或者天生走运，却很少会想到是那些人善用脑力的结果。善于思考的人善于改变，思考对于行动，是“磨刀不误砍柴工”，将自己的现状、前景和方向分析得很透彻的人，远远胜于所有盲目的奔波。

THU 要努力发现优势，更要做最擅长的事

在成功心理学看来，判断一个人是不是成功，最主要的是看他是否最大限度地发挥了自己的优势。

扬长避短的做法不管在哪一个领域都有着非常现实的意义，每个人都有自己的闪光点，这也就是我们所谓的长处，是自己的优势所在，如果我们将它进行深度挖掘、投资，你会惊喜地发现，你的行动往往总是取得事半功倍的效果。

美国微软公司总裁比尔·盖茨有一句口头禅：“做自己最擅长的事。”这句话被众多的企业家所认同。如果你留心那些成功人士，就会发现他们的一个共同特征：不论智商高低，也不论他们从事哪一种行业、担任何种职务，他们都在做自己最擅长的事。

在美国，一个关于成功的寓言故事至今广泛流传。看完这则寓言，或许你就会对“善用其长，不显其短”有更深的体会。为了给自己“充电”，森林里的动物们开办了一所学校，开学典礼的那天，来了许多动物，有小鸡、小鸭、小鸟，还

有小兔、小山羊、小松鼠。学校为它们开设了5门课程，分别是唱歌、跳舞、跑步、爬山和游泳。第一天，老师决定上跑步课，小兔子兴奋地在体育场跑满了一个来回，自豪地说，我能做好自己天生就喜欢做的事！可其他小动物，却有的撅着嘴，有的耷拉着脑袋……小兔回到家里对妈妈说，这所学校太好了，我实在太喜欢了。第二天一大早，小兔子蹦蹦跳跳地来到学校。老师宣布今天上游泳课，这时小鸭子兴奋得一下跳进了水里。天生恐水的小兔子傻眼了，其他小动物也只能"望洋兴叹"。接下来，第三天是唱歌课，第四天是爬山课……学校里每一天的课程，小动物们总是有擅长的与不擅长的。

这则寓言看似很普通、简单，但却蕴含了一个深刻的哲理：要成功，小兔子就应跑步，小鸭子就该游泳，小松鼠就得爬树。它的潜在寓意就是说，做自己最擅长的事情，才最容易有所发展。

在竞争的路上，那些具有灵性、聪明的人都知道寻找最合适的方法。做擅长的事，走熟悉的道路，这就是通向成功的捷径。走捷径会使你摆脱很多不必要的干扰，走捷径会使你觉得成功近在咫尺。

盖洛普名誉董事长唐纳德·克利夫顿曾说过："在成功心理学看来，判断一个人是不是成功，最主要的是看他是否最大限度地发挥了自己的优势。"可往往有些人不在意这些事，觉得天底下没有自己干不了的事，没有自己做不成的行业，盲目地"挑战极限"，结果也不言而喻。无论一个人具备多么好的天赋，多么高的智商，他也不会将所有能力收于囊中，难免存在优势与劣势，就才能而言，有人敏于感知，有人善于记忆，有人强于创造，有人思维活跃，有人逻辑缜密，有人判断客观，有人处事巧妙……既然人各有所长，也各有所短，那就应该处理好"长与短的"关系。大凡聪明的人，都会懂得"善用其长，不显其短"的道理。一般说，善取长弃短者，都能将自己的优势发挥到最大化，反之"舍长就短者"，便难以称之为智者。

"万科"是国内一家著名的房地产公司，曾专注于房地产住宅的开发，在国内赫赫有名。在过去经济萧条，市场最艰难的时候，万科凭借自己的努力坚持了下来，但是当他迎来明媚的春天的时候，却禁不住市场的诱惑，耐不住一时的寂寞，盲目地放弃了自己的特长，转移了业务，去做生命科学，去做IT项目，到头来竹篮打水一场空。这是万科董事长王石发自内心的忏悔。离开了自己熟悉的地方，放弃了自己最擅长的事，在激烈的竞争中，往往就会败下阵来，拿自己的劣势跟别人的优势相抗衡，就像用鸡蛋去撞击石头，结果很惨重。

每个人的优势不同，善于发掘自己的长处，做自己擅长的事，其实这就是属于你自己的一笔宝贵的财富，将优势发挥到最大化，不断给予优势一定的营养，你会发现你正在将自己的财富升值。

FRI 换位思考，多替别人想一想

只要能学会换位思考，即可做到：命运乱了我不乱，风景不转心境转，愉快常在我心中。

在一个部落里，有一个穷人为了迎接来自国外的友人，特地起了一个大早，打扫家里的房间。就在他忙着扫地时，竟然不小心将扫把弄断了！他看着被弄断了的扫把，越想越难过，他坐在了地上，最后居然伤心地哭了起来。

此时，这个人的朋友们也恰好登门拜访。他们一进门便看到朋友哭个不停，赶紧上前安慰他，并且询问发生了什么事情。一问之下，大家都不以为然，只不过就是扫把断成两截而已，何必哭得这么伤心呢？

来自经济强国的日本朋友说："不过是一只扫把而已，你再上街买一把就好

了，何必哭成这样？那又花不了你多少钱。”

具有美国精神的美国朋友说：“依照我的看法，我觉得你应该到法院去一趟，控告这只扫把的制造厂商出售劣质商品，并且要求他们赔偿你在生活上和精神上的损失。”

法国朋友则幽默地说：“我的朋友，你能够这样硬生生地将扫把弄成两截，可见你的臂力是多么强壮！我羡慕你都来不及呢，你居然还为此号啕大哭？”

德国朋友思索后，说：“不如大家一起研究看看，说不定有什么方法可以将扫把黏合起来，要是我们从中有了新的发现，也算是对人类社会有所贡献了。”

最后，这个人终于开口说：你们都不明白！我不是为了扫把断成两截而哭泣，我是因为明天必须上街排队买扫把，无法跟你们一起出门游玩而伤心，难道你们不知道在这里买东西，要花上好长的一段时间来排队吗？

从这个故事当中，我们就能够发现，人与人在往来的过程中，常常会忽略一个简单的道理：“将心比心。”因此，在许多时候，我们可能会说出不恰当的话，或者做出不适当的行为。虽然每一个人都有他自己的想法和立场，但也正是因此，我们才更应该在处理很多事情的时候，先将自己的想法放到一边，设身处地为对方着想。因为，经过易地而处的思考，你与对方的沟通，才会变得容易，对于事情的处理，也才会比较迅速得当。

换位思考，就是把自己转换成对方所处的角色来思考问题。就会发现由于角色的不同，就会产生对问题不同的看法、态度和处理方式。多进行换位思考，会使自己的视野变得更加宽广，学会从不同的角度看待问题，使对事物的把握也更加全面，更加透彻。

在风景秀丽的郊区，有一个盛产各种水果的果园。每当某一种水果盛产的时节来临，附近的小朋友们都会趁着果园主人不注意的时候，偷偷溜进果园摘水果。有好几次，小朋友们在悄悄摘水果时，被果园的主人发现了，气得果园的主人对他们又追又打又骂。后来，果园主人干脆躲在果园里，只要发现又有小朋友们来摘水果，他就会突然现身，大喊："你们不要跑！给我站住。"接着，双方便展开追逐战。可是果园主人也上年纪了，每次这样追着孩子们跑身体根本就吃不消，所以每回追到后来，他都是一个人气喘吁吁地回家。而这样的事情，不知道上演了多少次，小朋友们全把这当成是好玩的游戏，不过却苦了果园的主人。

一天，果园主人的朋友登门拜访，起先两个人还有说有笑，突然间，果园主人急忙拉起朋友的手说："快点！我们赶紧躲到果园里！"

朋友一时不明就里，就被拉到果园的某一处躲了起来。正当朋友想开口问个清楚时，果园主人小声地说道："那些小孩子们每天到了放学的时间，都会来我的果园摘水果，今天我一定要逮到他们！"

说时迟，那时快，偷偷摘水果的小朋友们现身了！果园主人立刻对着他们大喊："不要跑！"朋友惊讶之际，就看到果园主人飞快地跑去，拼命追着那些已经跑出果园的孩子们，仿佛完全遗忘了他的存在，无奈之余，他只好走回果园主人的住处，独自等待他的归来。

过了许久，朋友等得有点儿不耐烦，就在他准备打道回府时，果园主人才上气不接下气地回来。朋友一看到他进门，又好气又好笑地说："你跟小朋友们运动完了啊？也不过是偷偷摘一些水果而已，你又没有什么损失，何必要天天这样追着他们呢？再说你年纪也不小了，天天这样跑来跑去，万一身体受不了，倒霉的还不是你自己？我看你以后不要追他们了，真要气不过的话，大不了直接去找他们的老师或父母啊！"

果园主人笑笑说："其实我也不是真的生气，因为我们小时候也做过同样的事情，而且大人们不也是这样追着我们跑？你还记得那些偷偷摘来的水果，吃起来是什么滋味吗？"

朋友想了想之后，说："我知道你追他们的原因了，你在帮他们制造儿时的有趣回忆！"

果园的主人不仅不责怪小朋友们偷他的水果，还能够站在他们的立场上思考问题，宽容他们，以追逐的方式带给他们美好的回忆，这样的胸襟，如此的善良，可以谓之贤人了。

其实在我们的日常生活中，当我们凡事能多站在他人的立场上想一想，多多了解对方的内心可能会有的感受，有许多的纷争、冲突，乃至于一时的误会，都能够因此而轻松化解，甚至有时候还会有另一种愉快的感受。所以，将心比心，仍然是我们让自己和他人都能够快乐的最简单的方法！

SAT 拓展自己，摆脱思维定式的束缚

拥有不同的思维方式，突破常规，另辟蹊径，这是成功者的特质之一。

在繁忙的工作和生活中，我们每个人都可能在处理事情的时候遇到思维阻塞，受限于以往的经验，在经验主义的困扰下，我们的大脑处于思维定式的控制之下，往往很难对事物做出正确的判断、给予正确的评价、拥有妥善的行为。

受思维定式的影响，人往往更注重于自己所获得的经验，特别是正确的经验。当同类事情再次发生时，思考力和判断力会受到很大的干扰，因此，时常刷新自己的大脑，接受更多、更新的知识，让它不受思维定式的束缚，是我们取得成就的有利因素。

有这样一个测试题，说明了思维定式对大脑的束缚和对判断力的影响。

一天，在一座茶馆里，一个公安局长正在与一位老头下棋。正下到难分难解之时，跑来一个小孩，小孩着急地对公安局长说：

“别下了，出事情了，你爸爸和我爸爸吵起来了！”

“这孩子是你的什么人？”老头问。

公安局长答道：“是我的儿子。”

请问：两个吵架的人与这位公安局长是什么关系？

这不是一道生活题，考察你对亲属关系的识别能力，这是一道思维考察题。据有关公司调查得知，能在短时间内给出正确答案的人寥寥无几。这道题的关键在于，这位公安局长是位女士，如果你能摆脱公安局长是男性的思维定式，解开这道题并不是难事。

思维定式是指人的心理活动的一种准备状态，这种准备状态影响着解决问题的倾向性。定式思维是指人用某种固定的思维模式去分析问题和解决问题，这种固定的模式是已知的，事先有所准备的。

从不通的角度看，思维定式既有好的一面，也有副作用的一面。思维定式的好处在于，人们在处理日常事物、一般情况、惯例性事务的时候，能够驾轻就熟，得心应手；它的弊端在于，当我们面临新情况、新问题需要开拓创新的时候，它就变成了思维枷锁。

卡迪斯在一家有名的大公司担任总裁的职务。有一次，他们全家出去旅游，在旅途中，他们的孩子被绑架了，绑匪要求他付赎金200万美元来换回孩子。

夫妻二人再三考虑，还是决定报警求助。而不幸的是，歹徒好像洞悉了警方的侦查手法，对于警方的行动了如指掌，因此警方始终无法救出卡迪斯的小孩。经过几天的熬夜，卡迪斯夫妻决定答应歹徒的要求，交付200万美元，让他们的小孩能安全归来。

电视里正在报道着他的小孩被绑架的新闻，还分析说：“从过去的纪录来看，这类案子中，即使歹徒得到了赎金，人质安全回来的几率还是很小。”

这时，担心而焦虑的卡迪斯突然想到：“既然这样，我何不把这笔赎金变成赏金，让全市的人来帮我救小孩，重赏之下必有勇夫，也许我的小孩获救的机会更大些。”

打定主意之后，卡迪斯就直奔电视台。他利用新闻快报的时间，在电视上公开向大众宣布他的小孩被绑架的事实，他希望大家能帮忙救出他的小孩。说罢，卡迪斯就把200万美元全部倒在主播台上，然后对大家说：

“只要谁能帮我救出小孩，这200万美元的赎金就变成为悬赏的奖金！”

卡迪斯这一举动，大大出乎众人的意料，尤其是绑架卡迪斯小孩的歹徒，他们看了卡迪斯把赎金变成赏金的报道后，更是不知所措。

有的歹徒认为：“卡迪斯现在把赎金变赏金，不如把小孩送回去，并假装是救出小孩的英雄，一样可以拿到200万美元的赏金。”

而歹徒的首领却坚决反对把小孩送回去。

这样一来，本来行动一致的歹徒，因为意见不一，且互不退让，最终起了内讧，互相残杀。他们的内斗惊动了附近的邻居，有人报了警。

警方将他们绳之以法，并幸运地救出了小孩。

当小孩被绑架后，求得警察的援助，或者是老老实实地交付赎金，这是父母通常的选择。在大众的观念里，从没有意识到可以把赎金变成赏金，以此来激励他人，帮助自己解救孩子。也正是突破了思维定式的束缚，卡迪斯的孩子才能平安归来。

法国生物学家贝尔纳说：“妨碍人们学习的最大障碍，并不是未知的东西，而是已知的东西。”这句话恰当地阐明了固定的思维模式和已有的思维定式对一个人的束缚，能够勇于打破思维定式，找到更多、更好的人生解法的人，他们的人生必然丰富多彩，绚烂纷呈。

SUN 发展创新思维，发现不一样的自己

创新性思维每个人都能够具有，而创意就发生在我们的身边，它可以不是一个具体的产品，可以只是一种思路。

创新创造价值的观念早已扎根于那些成功者的大脑中，在不断开发自己的大脑，实现创新的过程中，他们的资本逐渐增加，为以后的成就大事，打下坚实的基础。而更有一部分人，他们的一生都在为着自己的理想和金钱的富足而拼搏，只因偶尔的灵机一动，灵感的火花就使得他们创造了无穷的价值，实现了个人的飞跃。

1973 年，年仅 15 岁的格林伍德收到别人送给他的圣诞节礼物，一双冰鞋。他非常高兴，因为他一直渴望有滑冰的机会。

拿到这件礼物后，格林伍德马上就跑出屋子，到离家很近的结了冰的小河上去溜冰。可能是他初次出来，他感觉到天气太冷了，一溜冰，耳朵被风吹得像刀子割了似的。他戴上了“两片瓦”式的皮帽子，把头和腮帮捂得严严实实的，一玩起来又热得满头是汗。

格林伍德想，为什么大家设计的为耳朵保暖的东西，都是个帽子呢？这样不利于运动。既然耳朵容易感觉冷，那就应该做一件能专门捂得住两边耳朵的东西。

回到家后，他细心研究，在纸上勾画着。他终于琢磨出一个大概的样子，请妈妈照他的意思做。他的妈妈摆弄了好半天，缝出了一双棉的耳罩。格林伍德

戴上它去溜冰，果然挺管用。一些朋友见到了，也向格林伍德要。格林伍德和妈妈商量，去把祖母也叫来，一起做耳罩。经过几次修改，耳罩做得更合适，也更好看了。小格林伍德把它取名为“绿林好汉式耳套”，并且向美国专利局申请了专利。

一双耳套能值多少钱？申请专利又有什么用？

答案是：小格林伍德后来成了世界耳套生产厂家的总首领，因为这项专利，他成为了百万富翁。

就是这样的一个想法，一个与众不同的思维方式，使得小格林伍德尝到了创新的甘甜。金钱的积累也在短时间内迅速飙升，人生的命运也因为这样一个独特的创新性思维带来的收获而改变。仔细分析，格林伍德的成功有两个关键之处，一是别人戴帽子或不戴帽子已形成了习惯，不再去想怎样保护耳朵，而他却专门做了个耳套。二是做了耳套后，他为之命名并且申请专利。换句话说，他懂得开发自己的创新思维，从小处着眼，向大处推广。

从上面的故事，我们不难看出，创新思维直接表现在人们日常生活中所说的创意上，创意的起源常常是有心人的灵机一动，不需要经过严谨的学术训练和精密的理论论证。对于创意，任何一个人都可以与之亲密接触，只要勤于观察，善于思考，大胆创新，就有可能出奇制胜，获得可观的效益。

拥有创新思维，发挥自己的创意，要求我们不要一味跟在别人的后面跑，要想胜人一筹，就要独辟蹊径。

减肥是令许多人望而却步的难事，是许多胖子们的大难题。市场上的减肥中心、减肥药物等繁多，竞争已到白热化，大家的利润也因此降到很低。这也使得减肥者感到茫然，不知道该选择哪一家好。但有一家减肥中心因为一个创新的减肥绝招，使得自己门庭若市。

一天，一位胖男人慕名而来，他已有过多次失败的经历了。他抱着最后一试的态度问教练，他该怎么办？

教练记下了他的地址，然后告诉他：回家等候通知，明天会有人告诉你怎么做。

第二天一早，门铃响了，一位漂亮性感的青春女郎站在门口，对胖子说：教练吩咐，你要能追上我，我就是你的。胖子大喜，从此每天早上都在女郎后边狂追。如此数月下来，胖子已逐渐身手矫健起来，他早就忘了这是减肥，只是一定要把那姑娘追到手。

直到有一天，胖子心想：今天我一定能追到她了。他早早起来在门口等着，那位姑娘没来，来的是一位同他以前一样胖的女士。

胖女士对他说："教练吩咐，我要能追上你，你就是我的。"

诚然，这个故事包含着一定的喜剧色彩，但在我们笑过的同时，也不免为这位教练的机智和创新性思维感到眼前一亮。

大富豪洛克菲勒有句名言："如果你想成功，你应辟出新路，而不要沿着过去成功的老路走……即使你们把我身上的衣服剥得精光，一个子儿也不剩，然后把我扔在撒哈拉沙漠的中心地带，但只要有两个条件——给我一点时间，并且让一支商队从我身边经过，那要不了多久，我就会成为一个新的亿万富翁。"

敢于说出这样的话的人，肯定充满了豪情壮志，让人不禁动容，这种坚定的信念和敢于创新的精神无疑是做事成功的一个根本素质。

创新性思维每个人都能够具有，而创意就发生在我们的身边，它可以不是一个具体的产品，可以只是一种思路。

有个被人演绎了无数遍的小故事，说的是一种名牌牙膏的销售进入了一个瓶颈地带，于是总裁高额悬赏，希望大家献计献策。最后是一个小工人出了个好主意：把牙膏的开口扩大一毫米。如果广大消费者每天依然按习惯了的长度挤牙膏，加在一起，就是一个非常大的量。小工人得奖，当之无愧。

拥有创新思维，在平时的生活中多留心观察，同时开动自己的大脑，抓住自己一时的灵感，拥有创意，并敢于行动的，多半会成为成功者。

第 12 章

体悟工作的温暖，追寻生命获得意义的过程

Be Kind To Yourself Everyday

一个能够在工作中寻找到快乐的人，才是真正幸福的人。一个真正成熟的人，他会发现，真正的快乐来自于事业，真正的幸福来自于工作，个人价值的体现也来自于工作。工作是生命获得意义的一种过程，也是个人目标得以逐步确定的唯一途径，工作的质量往往决定着生活的质量。

有了工作，我们才有生存的基础，生活的来源，才能热爱生活。尽早地以成熟的社会优秀群体的价值体系来要求自己，越早地以成熟的观念看待工作、对待工作，你就能越早获得幸福。

MON 为自己工作，为明天积累

公司是老板的，舞台却是自己的，在工作时得过且过是会伤害你的雇主、你的公司，但受伤害更深的却是你自己。

近几年，员工培训类的书籍如雨后春笋般越来越多。也许是领导者越来越重视企业文化建设，也可以说是员工更加注重对自己工作观念的塑造。《你在为谁工作》这本畅销百万的工作理念图书给无数工作者以醍醐灌顶的感觉。很多刚刚步入工作岗位的青年，甚至是那些工作了半辈子的老员工，都深刻感受到了工作的真谛：我在为自己而工作。

在现实生活中，如果你留心观察，你会发现，我们身边有许多这样的年轻人，他们每天朝九晚五，在茫然中上班、下班，到了固定的日子领回自己的薪水，高兴一番或者抱怨一番之后，仍然茫然地去上班、下班……他们从不思索关于工作的问题：什么是工作？工作是为什么？你在为谁工作？

不难想象，这样的年轻人，他们只是被动地应付工作，为了工作而工作，他们不可能在工作中投入自己全部的热情和智慧。他们只是在机械地完成任务，而不是去创造性地、积极主动地工作。

世界上最宝贵的是时间，一天对于平庸者来说很漫长，因为他们在工作岗位上苦耗着，而对于卓越者来说，他们总是慨叹时间如流水一样从指间滑过，怎么也抓不住，不能让它多多停留。在工作中，总有一些人，他们总是一边工作一边抱怨：“为老板打工真是太累了，自己根本就是公司的赚钱工具，毫无乐趣可言。”但是你应该知道：不要以为我们是在为别人而工作！其实，我们每个人自己正在做的活儿都是在为自己工作，都是在为自己的成功铺路搭桥。你在工作中浪费时间，其实是在浪费自己的青春。如果我们消极怠慢、敷衍了事，那么到最后，我们的成功之路恐怕会崎岖坎坷，通向成功的时刻就会被一拖再拖，直至到生命的尽头仍难以捕捉到成功的影子。所以，请你大声地告诉自己："我要积极地为自己的未来而努力工作。"

齐瓦勃出生在美国乡村。由于家庭的贫穷，齐瓦勃少年时代没有受到什么教育，为了生活，15岁的齐瓦勃辍学到山村给人当马夫。但为了改变自己的命运，无论何时何地，他都没有放弃心中的理想和追求，努力寻找机会发展自己、提升自己。

18岁那年，齐瓦勃带着梦想和追求，来到钢铁大王卡内基的一个建筑工地打工。别的打工者只知埋头苦干卖力气，抱怨工资低，而齐瓦勃除了埋头苦干之外，还利用一切可以利用的时间自学建筑方面的知识。别人休息、闲聊、玩耍时，齐瓦勃总独自躲在角落里埋头看书。

打工者中有人挖苦讽刺齐瓦勃，齐瓦勃说："我不光是在为老板打工，更不单为了赚钱，我是在为自己的梦想打工，为了自己远大的前途而打工。我只能在业绩中提升自己。我要使自己工作所产生的价值，远远超过所得的薪水。只有这样我才能够得到重用，才能获得机遇。"

一天，公司经理到工地检查工作，工人们在休息。他发现在工地角落里看书的齐瓦勃，便走过去随手翻阅一下齐瓦勃的笔记，经理什么也没说就走了。

第二天经理把齐瓦勃叫到办公室，问："你学那些东西干什么？"齐瓦勃回答："我想我们公司并不缺少打工者，缺少的是既有工作经验，又有专业知识的技术人员或管理者。"经理点了点头，不久齐瓦勃被提升为技师。后来，齐瓦勃靠着自己的勤奋和刻苦晋升为总工程师。

25岁那年，齐瓦勃做了这家建筑公司的总经理。几年后，齐瓦勃被钢铁大王卡内基任命为钢铁公司董事长。凭着自己超人的工作热情、智慧和管理才能，齐瓦勃创建了伯利恒钢铁公司，成了世界钢铁大王之一，圆了打工时的梦想。

现实生活中，有多少人能像齐瓦勃那样抱着坚定的理想，不计较个人的利益得失，把眼光放在自己的事业上呢？与其相反的是，许多人都抱着这样一种想法：老板太苛刻了，根本不值得如此勤奋地为他工作。

然而，他们忽略了另外一个道理：公司是老板的，舞台却是自己的，工作时得过且过是会伤害你的雇主，你的公司，但受伤害更深的却是你自己。一些人花费很多精力来逃避工作，却不愿花相同的精力来努力完成工作。他们以为自己骗得过老板，其实，他们愚弄的只是自己。老板或许并不了解每个员工的表现，或熟知每一份工作的细节，但是你做出的每一点业绩和取得的每一点进步都将是实实在在的，升迁和奖励总有一天会落在你的身上。正是由于你今天的每一小步的认真对待和努力积累，加上积极地为自己工作，日后的成功才来得更快。

TUE 工作就是你的事业，用心做好每一件事

把事情当事业来做，你就会把事情与事业之间联系起来，拓展事情的发展空间，就会设计未来，把每天所做的事情当做一个连续的过程，因而会将小事做大，逐渐发展成为事业。

很早我们就听说过“态度决定一切”这句名言。以什么样的态度面对生活、

对待生活，人生的境界会大不相同。同样，以什么样的态度对待工作，你所取得的成就也会有天壤之别。心态积极者相信：用心做好工作，自己的事业才能在工作中起步。

如果你还年轻，你渴望成为日后的成功者，你就必须明白干工作就是干事业的道理。成功者与失败者，或者说富人与穷人的最大区别之一，就在于对待工作的态度不同：一个是把工作仅仅当做事情来做，是在做事；而另一个则是把工作当做事业来做，即以干事业的态度来做事。

事情与事业，听起来虽然只有一字之差，但差此一字，差之千里。两者在内涵、时间、空间和性质上，都绝不相同。把事情仅仅当做事情来做，你就看不到事情与事业之间的联系。事情与事情之间彼此是孤立的、琐屑的、麻烦的，做完事情之后就脱手。认真一点的，会想着把事情做得好一点，出色一点；认真程度差一点的，就连单纯的事情也做不好，草率收场，敷衍了事，把事情当做一种不得不做的麻烦。

把事情当事业来做，你就会把事情与事业联系起来，拓展事情的发展空间，就会设计未来，把每天所做的事情当做一个连续的过程，因而会将小事做大，逐渐发展成为事业。

台湾首富王永庆，早年因家贫读不起书，只好去做买卖。1932 年，当 16 岁的王永庆在台湾嘉义开一家米店时，小小的嘉义已有米店近三十家，竞争非常激烈。当时仅有 200 元资金的王永庆，只能在一条偏僻的巷子里承租一个小铺面。他的米店开办最晚，规模最小，更谈不上知名度了，没有任何优势。在新开张的那段日子里，生意冷冷清清，门可罗雀。当时，一些老字号的米店分别占据了周围大的市场，而王永庆的米店因规模小、资金少，没法做大宗买卖；而专门搞零售呢？那些地点好的老字号米店在批发的同时，也兼做零售，没有人愿意到他这地角偏僻的米店买货。王永庆曾背着米挨家挨户去推销，但效果不太好。

怎样才能打开销路呢？王永庆感觉到要想米店在市场上立足,自己就必须有一些别人没有做到或做不到的优势才行。经过一番考察和思索,他决定在提高米的质量和服务上下工夫,形成自己的优势。

20世纪30年代的台湾,农村还处在手工作业状态,稻谷收割与加工的技术很落后,稻谷收割后都是铺在马路上晒干,然后脱粒,砂粒、小石子之类的杂物很容易掺杂在里面。所以,当时用于出售的稻米普遍夹杂着秕糠、砂粒、小石子等杂物,买卖双方也都习以为常,见怪不怪。

王永庆却从这一司空见惯的现象中找到了突破口。他带领两个弟弟一齐动手,不辞辛苦,不怕麻烦,一点一点地将夹杂在米里的秕糠、砂石之类的杂物拣出来。这样,王永庆米店卖的米质量就要高一个档次,因而深受顾客好评,米店的生意也日渐红火起来。

在提高稻米质量见到效果的同时,王永庆还超出常规,推行主动送货上门的服务,这一方便顾客的服务措施,大受顾客欢迎。

就这样,王永庆在米的质量和服务上找到了突破口,使嘉义人都知道在米市马路尽头的巷子里,有一个卖好米并送到顾客家的王永庆。有了知名度后,王永庆的生意更加红火起来。

结果,经过一年多的资金积累和客户积累,王永庆决定自己办个碾米厂。要把原来的小米店扩展为碾米厂,原来的铺面已经不够用,王永庆便在离最繁华热闹的街道不远的临街处租了一处比原来大好几倍的房子,临街的一面用来做铺面,里间则当做碾米厂。

无数事实证明,如果一个人能够把工作当成事业来做,那么他就成功了一半。一位著名的企业家说过这样一段话:我的员工中最可悲也是最可怜的一种人,就是那些只想获得薪水,而其他一无所知的人。有一句话说得好:"今天的成就是昨天的积累,明天的成功则有赖于今天的努力。"把工作和自己的事业联系起来,为对自己未来的事业负责,你会容忍工作中的压力和单调,觉得自己所从事的是一份有价值、有意义的工作，并且从中可以感受到使命感和成就感。

工作就是你最大的事业，成功与失败或许首先在于态度，其后才是努力、才智、机遇等。失败者做事情，成功者做事业，如果你也有一颗渴望成功的心，那请你把每一天的工作做扎实，使其成为你一步步成功的台阶。

WED 能干不如肯干，把平凡变成卓越

一个人要想成功，必须付出艰辛的努力，必须在平凡的岗位上踏实肯干，才能实现由平凡到伟大的蜕变。

一个刚刚步入社会、参加工作的年轻人，他最深刻的感触莫过于所干工作的平凡，所干事情的琐碎。看着某些员工整日悠闲地在那里一杯茶，一张报就是一天，你是不是会心生不平呢?

有时，有的人可能觉得成功遥不可及，然而，并不是这样的。要想成功其实很简单，就看你愿不愿意在平凡的时候任劳任怨，蓄积力量，在自己飞上天空前，做好助跑工作，最终实现伟大的飞跃。

不管你从事何种工作，经过一定时间的学习、观察，你不难发现，能干、肯干、崭露头角是一个人工作的三重境界。层次不同，在职场中的发展潜力也不可同日而语。能干工作，能干好工作是职场生存的基本保障。任何人做工作的前提条件都是能干，也就是说他的能力能够胜任这项工作。因此，你具有的能力，决定了你能担任的工作性质。能干是合格员工的最基本的标准，肯干则是一种态度。一个职位，一般情况下都有诸多的人能够胜任，都具有干好这份工

作的基本能力，然后，最终谁能把工作做得更好，要看谁具有踏实肯干、苦于钻研的工作态度。正所谓态度决定一切。你是否能在能干和干好一份工作的基础上得到进一步的发展，完全取决于你对待工作的态度。

马克曾是美国阿穆尔肥料厂的一名速记员，尽管他的上司和同事均养成了偷懒的恶习，马克仍保持认真做事的良好习惯，重视每一项工作。

一天，上司让马克替自己编一本阿穆尔先生前往欧洲用的密码电报书。马克不像同事那样，随便编几张纸完事。而是编成一本小巧的书，用电脑很清楚地打出来，然后又仔细装订好。做完之后，上司便交给阿穆尔先生。

"这大概不是你做的。"阿穆尔先生说。

"呃——不……是……"上司战栗地回答，阿穆尔先生沉默了许久。

过了几天之后，马克就代替了以前上司的职位。

马克之所以能够升职，并没有做出什么惊天动地的事情，他之所以能将他的上司取而代之，就是因为他踏实肯干，即使自己在平凡的岗位上，也能兢兢业业，做好自己的每一项工作。

很多人的成功，都是靠打拼积累出来的。如果能干只是一项工作的资格证，那么肯干才是它的通行证。

艾柯卡靠自己的能力终于当上了福特公司的总经理。1978 年 7 月 13 日，有点得意忘形的艾柯卡被妒火中烧的大老板亨利·福特开除了。在福特工作 32 年，当了 8 年总经理，一帆风顺的艾柯卡突然间失业了。艾柯卡痛不欲生，他开始喝酒，对自己失去了信心，认为自己要彻底崩溃了。

就在这时，艾柯卡接受了一个新挑战——应聘到濒临破产的克莱斯勒汽车公司出任总经理。凭着他的智慧、胆识和魅力，艾柯卡大刀阔斧地对克莱斯勒进行了整顿、改革，取得了巨额贷款，重振企业雄风。在艾柯卡的主持下，克莱斯勒公司在最黑暗的日子里推出了K型车的计划，此计划的成功令克莱斯勒起死回生，成为仅次于通用汽车公司、福特汽车公司的第三大汽车公司。1983年7月13日，艾柯卡把平生仅有的面额高达8.13亿美元的支票交到银行代表手里，至此，克莱斯勒还清了所有债务，而恰恰是3年前的这一天，亨利·福特开除了他。

艾柯卡在又一次靠着自己踏实肯干的作风取得不凡的成绩时，他深有感触地说："奋勇向前，哪怕时运不济；永不绝望，哪怕天崩地裂。"这句话也是他对自己再次由平凡到卓越这个过程的精炼总结。

世界上"没有随随便便的成功"，任何声称轻轻松松就能成功的宣传都是一种欺骗。一个人，如果不能干一项工作，不能干一件事情，他是一个失败者。而一个人如果具有干好一件事情的能力，但最终不肯努力，那成功始终会与他背道而驰。

THU 快乐工作，享受拼搏的过程

不要只把工作看成一种谋生手段，还应该把工作当成一种乐趣，只有这样你才能为工作投入，甚至会为它痴迷。

工作会给人带来什么，很多人回答是荣誉、金钱、人脉等。这些是工作给你的全部吗？不，工作给予你的是快乐，是对生活的调剂。

有一个问题是这样的：如果有一天你中了彩票大奖，得到1000万元，你的生活会有哪些改变？据调查显示，有82%的人选择立即辞掉工作。当然也有例外，据报载，2003年年底美国有史以来奖额最高的彩票被一个老先生投中。这位老先生是一家餐馆的侍应生，为这家餐馆工作超过20年。当记者问他辞掉工作后怎样安排生活，老先生回答，“不，我还要来这上班，因为我喜欢这份工作。”

有了钱，可以不用靠工作来满足自身基本需求的时候，选择立即辞掉工作的人，他们只把工作当做获取生活费的一个手段。只了解这一面，工作就会变为一种苦役。其实，工作就是我们人生的一个重要的组成部分，我们每天的24小时，除掉休息时间，8小时的工作加上准备时间要占掉生命的多半。所以要享受人生，首先要享受工作。

不要只把工作看成一种谋生手段，还应该把工作当成一种乐趣，只有这样你才能为工作投入，甚至会为它痴迷，这时所有的困难都会变得轻松起来，因为工作已经成为一种快乐和享受。

国外一家报纸曾举办一次有奖征答，题目是“在这个世界上谁最快乐”，从数以万计的答案中评选出的四个最佳答案是：作品刚完成，自己吹着口哨欣赏的艺术家；正在筑沙堡的儿童；忙碌了一天，为婴儿洗澡的妈妈；千辛万苦开刀之后，终于救了危急患者一命的医生。

由此可见，工作着的人是最快乐的。确切地说应该是：正从事自己喜爱的工作的人是最快乐的。而从另一个角度来说，不快乐的人，往往是生活中没有自己喜爱的事可做的人。

我们常常认为只要准时上班，按点工作，不迟到，不早退就是完成工作了，就可以心安理得地去领所谓的工资了。可是，我们没有想到，我们固然是踩着时间的尾巴上、下班的，可是，我们的工作很可能是死气沉沉的、被动的。其实，工作就是工作，它永远不可能像休闲度假一样充满了新奇和喜悦，关键是你如何在其中寻找并创造乐趣。

对于自己所从事的工作，爱与厌，苦与乐，大都存于一念之间。有人成天郁郁寡欢，抱怨自己的工作不好；有人天天心情舒畅，把工作当享受。“七十二行，行行出状元”。这不仅强调了每一项工作的重要，更说明了每一项工作都大有可为。工作带给你的是快乐还是折磨，主要在于你对工作的态度。

干好工作首先要热爱工作，而热爱的前提之一，就是找到工作的乐趣。之所以提倡寻找工作中的乐趣，主要是有些人感觉不到工作的乐趣，甚至仅仅看到了工作的难度与压力、艰辛与枯燥。善待工作，热爱工作，我们才能变得轻松，变得从容，变得愉快，进而有所成就。

FRI 给自己减压，不要让自己心力交瘁

一个人的快乐，并不是因为他拥有得多，而是因为他计较得少。多是负担，是另一种失去；少非不足，是另一种有余。

工作，拼命地工作，只为赚取更多的钱来改善基本的生存条件，由此，社会竞争越来越激烈，常常让人们在每天的忙碌中忘记了自我，忘了给自己留出休闲放松的时间。同时，生存的压力，也逼迫职场上的人们像爬天梯一样不断向上爬，小心翼翼，不敢有丝毫的放松。

快乐是什么，很多人只能在领到薪水的那一刻才能体会到。当前仆后继的电费、水费、房租等账单摆在眼前时，心里留存的只有如何多赚些钱。

观察你的办公室，你是不是经常看到这样的场面，人人神经紧绷，每天在为了升职和加薪而努力，看老板的脸色行事，常常为了工作忽略了个人生活。

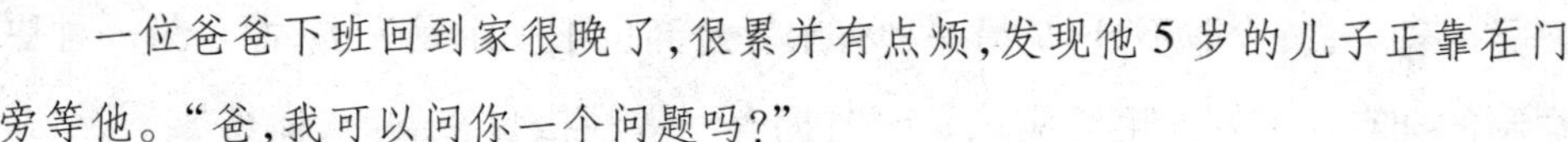

一位爸爸下班回到家很晚了,很累并有点烦,发现他5岁的儿子正靠在门旁等他。“爸,我可以问你一个问题吗?”

“什么问题?”“爸,你一小时可以赚多少钱?”“这与你无关,你为什么问这个问题?”父亲生气地说。

“我只是想知道,请告诉我,你一小时赚多少钱?”小孩央求。“假如你一定要知道的话,我一小时赚20美元。”

“喔,”小孩低下了头,接着又说,“爸,可以借我10美元吗?”父亲发怒了:“如果你问这问题只是要借钱去买毫无意义的玩具或东西的话,给我回到你的房间并上床。好好想想为什么你会那么自私。我每天长时间辛苦工作着,没时间和你玩小孩子的游戏。”

小孩安静地回自己的房间并关上门。父亲坐下来还是很生气。约一小时后,他平静下来了,开始想着他可能对孩子太凶了——或许孩子真的很想买什么东西,再说他平时也很少要过钱。父亲走进小孩的房间:“你睡了吗,孩子?”“爸,还没,我还醒着。”小孩回答。“我刚刚可能对你太凶了,”父亲说,“我将今天的气都爆发出来了——这是你要的10美元。”

“爸,谢谢你。”小孩欢叫着从枕头下拿出一些被弄皱的钞票,慢慢地数着。

“为什么你已经有钱了还要?”父亲不解地说。

“因为这些钱不够,但我现在足够了。”小孩回答,“爸,我现在有20美元了,我可以向你买一个小时的时间吗?明天请早一点回家——我想和你一起吃晚餐。”

工作是为了更好地生活,不管你赚钱多少,如果因为工作而失去了生活中的快乐,这是极其可悲的。生活压力大,我们又有很多需求,这些都是现实的问题,但如果因为这些,使得每天的生活充斥的只是枯燥,只是忙碌,那快乐何时都不会到来。

一个人的快乐,并不是因为他拥有得多,而是因为他计较得少。多是负担,

是另一种失去；少非不足，是另一种有余。舍弃也不一定是失去，而是另一种更宽阔的拥有。美好的生活应该是时时拥有一颗轻松自在的心，懂得放下压力，才会拥有轻松和快乐。

加拿大魁北克有一条南北走向的山谷。山谷没有什么特别之处，唯一能引人注意的是它的西坡长满松、柏、女贞等树，而东坡却只有雪松。这一奇异景色之谜，很长时间人们都无法理解，最终这个谜团被一对夫妻所揭开。

那是1993年的冬天，这对夫妇的婚姻正濒于破裂的边缘，为了找回昔日的爱情，他们打算做一次浪漫之旅，如果能找回就继续生活，否则就友好分手。他们来到这个山谷的时候，下起了大雪，他们支起帐篷，望着满天飞舞的大雪，发现由于特殊的风向，东坡的雪总比西坡的大且密。不一会儿，雪松上就落了厚厚的一层雪，不过当雪积到一定程度，雪松那富有弹性的枝丫就会向下弯曲，直到雪从枝上滑落。这样反复地积，反复地弯，反复地落，雪松完好无损。可其他的树，却因没有这个本领，树枝就被压断了。妻子发现了这一景观，对丈夫说：“东坡肯定也长过杂树，只是不会弯曲才被大雪摧毁了。”少顷，两人突然明白了什么，拥抱在了一起。

相对过重的压力不仅会使自然界的事物弯折，对于人来说，同样如此。作为上班族，每日工作辛苦，缠绕在一大堆的文件和纷杂的事物中，难免心生疲惫，感到厌倦，每每这时，生活的压力是否会变得更重？

卸下这些负担，放下压力，选择适时地放松自己。既然你工作得很努力，那么休闲也得很尽兴才是，当工作之余，不妨找个时间好好散散心。你要尽可能地摆脱掉平日缠身的事情，想想有什么事能使你的一天过得很快乐。这样才会释放压力，给心灵以轻松。

SAT 点燃激情,释放自己的能量

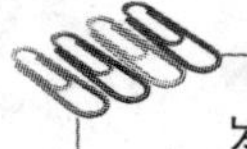

岁月使你皮肤起皱;但是失去了激情,就损伤了灵魂。

对于一张报纸,一杯茶,吃饱了混天黑的人,有人觉得他们过得很惬意,无比向往过这种生活,而有的人认为其在“坐着等死”。且不说工作自身的清闲程度,处于一个工作岗位上,真的会什么事情都没有吗?

如果你觉得自己的工作就该“清闲”,你在这种工作氛围中已经懒惰了,那无疑说明现在的你没有给工作打一针激情的强心剂。

比尔·盖茨有句名言:“每天早晨醒来,一想到所从事的工作和所开发的技术将会给人类的生活带来巨大的影响和变化,我就会无比兴奋和激动。”他对于成就事业有着独特的见解,他认为成功者最重要的素质是对工作的激情,而不是能力。抱着这样的心态,让积极提升一点,每个人的生活和工作都会有很大的突破。

拿破仑·希尔是成功学专家,他的《思考致富》一书成为流传不朽的经典。他之所以取得辉煌的成就,和他激情工作是分不开的。

卡耐基曾说:岁月使你皮肤起皱;但是失去了激情,就损伤了灵魂。可见,激情与人的成长之间的内在联系。“智慧的最大成就,也许要归功于激情。”沃韦纳戈的这句话更是精辟地阐释了激情与人发展的关系。智慧依靠激情才能发挥它的最大效用,换句话说,整个大脑的开发和运转,激情就是它的催化剂。

激情是一种意识状态,能够鼓舞及激励一个人对自己的事业和工作采取行动。拥有激情的人,在自己的信念与目标面前,在重重困难挡路之时,激情让人执著行动，勇敢拼搏。

2006年的一个普通的清晨，在河南省郑州市西工房小区里，31岁的陈磊早早醒来，年迈的母亲帮他打开电脑，上了“十字绣”论坛的QQ群后，很多网友热情地和他打招呼。

这些网友也许并不知道，这个性格温和、网名为“眼镜”的年轻人，正躺在床上，用仅可移动的两根手指的关节和他们聊天。

网友们也许更不知道，“快乐坊”论坛的这个创始者，是一位疾病缠身20年，全身几乎不能动弹，只能僵直地躺在病床上的一个人——他甚至不能用手指敲击键盘。

陈磊全身只有肘、腕关节能活动，此外，两根手指可以稍微弯曲，整个人就像被冰封住一样。虽然身体残疾，但他对网络尤为痴迷，并把全部的激情都投入了进去。

他与电脑的距离是1.5米，这样中间可以放下椅凳，方便母亲照顾他。每天，他就是通过台灯改造的镜子反射，来浏览网页。但他建立的“快乐坊”网站，每天流量在2万左右。在“十字绣”领域，这是流量最大的网站之一。靠着这个平台，31岁的郑州青年陈磊自强自立，在艰难的人生路途中，成就自己的梦想。

对生活的激情，使得陈磊这样一个残疾人为了改造自己的生活，不懈地努力拼搏，最终成就了自己的一番事业。作为正常人的我们，能够利用自己对事业的激情，成就自己的人生吗？答案是肯定的。只需要你重视调动自己的激情，让自己为了明确且明智的目标，开足马力，勇往直前。

爱默生说过：“有史以来，没有任何一件伟大的事业不是因为激情而成功的。”只要抱着这种态度，任何人都有可能成功，都有可能达到目标。

SUN 节省自己的时间，提高工作的效率

世界上只有两种物质：高效率和低效率；世界上只有两种人：高效率的人和低效率的人。

珍惜时间、提高效率，这句口号在各行各业高喊了很多年，但很多人在身体力行时却又很自然地随意荒废着时间，随后又是后悔、忏悔。其实，时间对于每一个人都是一样多的，只是有些人懂得利用每一小段时间去努力、去行动，积少成多，而不是只是抱怨忙，没有大块的时间干自己想干的事情。爱尔斯金就是这样一个善于管理时间、珍惜时间的典范。

爱尔斯金是美国近代诗人、小说家，他对时间有着自己的认识，在谈及利用时间这个老生常谈的话题时，曾深有体会地说："当我在哥伦比亚大学教书的时候，我想兼从事创作。可是上课、看卷子、开会等事情把我白天、晚上的时间全占满了。差不多有两年我不曾动笔，我的借口是没有时间……后来，只要有五分钟左右的空闲时间，我就坐下来写作一百字或短短的几行。出乎意料，在那个星期的终了，我竟积有相当数量的稿子准备修改。

后来我用同样积少成多的方法，创作长篇小说。我的教授工作是一天比一天繁重，但是每天仍有许多可以利用的短短空闲。我同时还练习钢琴，发现每天小小的间歇时间，足够我从事创作与弹琴两项工作。"

改变你的时间观念，在认识时间就是金钱的基础上，合理利用你的时间，不

放过每一小块时间，是你取得一番成就，成为成功者的捷径。对于现实工作来说，利用短时间，就是要求你要把工作进行得迅速，如果只有五分钟的时间给你写作，你不可把四分钟消磨在咬你的铅笔尾巴上。思想上事前要有所准备，到工作时间届临的时候，立刻把心神集中在工作上，迅速集中脑力，并全力以赴地行动。

时间与效率往往是紧密联系在一起的，拥有较强的时间观念的人，在提高工作效率的前提下，他的成长步伐往往比别人迈得又大又快。

切斯特菲尔德说："效率是做好工作的灵魂。"约·艾迪生说："工作中最重要的是提高效率。"萧伯纳则说："世界上只有两种物质：高效率和低效率；世界上只有两种人：高效率的人和低效率的人。"

有些人经常抱怨自己办事效率太低，经常被老板批评。为什么会这样呢？那些办事效率低的人并不是没有努力工作，而是因为他们没有树立正确的时间观念，没有掌握正确的方法。世界上做同一种工作的人不计其数，做同一种工作的方法更是数不胜数，其中不乏效率高的方法。

诺斯古德·帕金森是英国著名的历史学家，他在分析了为何"大型组织大而无当，毫无生气"时，指出："事情增加是为了填满完成工作所剩的多余时间。"这个定律告诉我们，工作效率低，是因为我们给了这个工作太多的时间。

帕金森描述了一位老太太花了一整天时间，寄一张明信片给她侄女的过程：花 1 小时找那张明信片；花 1 小时找眼镜；花 30 分钟查地址；花 1.5 小时写明信片；用 20 分钟考虑寄信时要不要带伞。就这样，一个人只需花 3 分钟就能干完的事情，却让另一个人花了一整天时间才干完，并且犹豫不决，疲惫不堪。

帕金森得出结论：做一份工作所需要的资源，与工作本身并没有太大的关系，一件事情膨胀出来的重要性和复杂性，与完成这件事花的时间成正比。换句话说，给自己很多时间做一件事，不一定能提高工作的效率。时间多反而越

容易使人懒散，缺乏动力，效率低。一个学生平均成绩一直较低，家长只好让他修学分最低的功课。儿童心理学家却建议这个学生多修一些课。结果出乎大家的意料，这个学生多修课后，所有功课成绩不降反升。事实上，这个学生要做的就是打起精神，提高学习效率。

我们常说，观念决定思路，思路决定出路。转变自己的错误观念，优化自己的思维，你的干事效率就会有很大的提升。观念转、天地宽，观念的力量是无穷的。对待一件事情，一堆事情，一天的事情，甚至是更为长远的规划，能做到帕金森那样对利用时间、提高效率有如此清晰的认识，你的工作就取得了卓越的成效。

第 13 章

给生活一个笑脸，给自己一个安慰

居里夫人曾说，生活中没有什么可怕的东西，只有需要理解的东西。每一个珍惜生命的人，都应该善待自己，善待生活。每个人的生活都存在着苦，也都有自己的乐。就像喝啤酒一样，浮在酒水上的泡沫就像人生每一个小节的高潮，留在嘴里的总是醇香中夹着一丝苦味。

生活就是这样，真善美带给你热爱，假丑恶带给你绝望，关键在于心的选择。对于拥有抱负的人来说，生活就是一部奋斗史——从失败中发掘成功，从创新中收获硕果。而我们就在不断劳碌中度过一生，在每一天、每一刻善待自己，你就是最幸福的人。

MON 给生活一个笑脸,给自己一个安慰

生活给予你的很少有尽如人意的地方。不是因为生活对你的刻薄,而是你很难找到一个合适的基点,来比较命运的公平与否。

年轻时,人生是漫长的,因为它拥有各种版本的希望和明天。对于老人来说,它如一部历史悠久的老电影,每次一个人静静地坐在那里观看,其中的画面看似如此熟悉,却又如此遥远。卢梭说,生活的理想,就是为了理想的生活。把理想当做生活的人,无疑具有很高的人生境界。而如果你选择平凡地感悟生活,也可以在自己的人生轨迹上描绘自己的风景。

生命是多彩的,它对每个人都是平等的,关键是看你如何把握生活,享受生命。用微笑来面对生活,即使在寒冷的冬天也会感到生活的温暖,漆黑的午夜也会看到希望的曙光。用微笑来面对生活,用微笑来面对每个人、每件事,你就会感受到阳光的灿烂,迎接你的必定是一路的鸟语花香。

俄国诗人普希金说过:"假如生活欺骗了你,不要悲伤,不要心急,忧郁的日子里需要镇静,相信吧,快乐的日子将会来临。"如果生命没有给予你完美与幸福,那你更要以笑容来面对。

有一个出生在普通家庭的小男孩,很不喜欢被父母严加管束的僵硬生活,时常反抗和故意捣蛋,于是严厉的父亲就想了个法子来"对付"他。

这一天,父亲把小男孩叫到了身边,对他说:"我有个要紧的信,你赶紧把它送到警察局去!"说着,从口袋里摸出了一张纸条来。

小男孩二话没说，接过纸条拔脚就往警察局跑去。见到一个警察，小男孩迫不及待地把纸条交了上去。没想到，警察看完纸条之后什么话也没说，揪起小男孩就把他拖进了一间黑黝黝的屋子里。

小男孩吓坏了，使劲儿地拍打着屋门号啕大哭起来，但是却没有人来理他，四周只回荡着他那惊恐无助的哭声。

"我到底犯了什么罪呢？"小男孩不明白，越想越怕，越害怕越紧张……

也不知道过了多久，小男孩被释放了出来，只见那个警察凶巴巴地说道："小家伙，知道为什么把你关起来吗？告诉你，我们就是专门对付像你这样的顽皮小孩的。"

这个时候，小男孩才明白原来是父亲让警察把自己关押起来的。

不过，虽然被关押了几天，但惩罚似乎并未因此而结束。紧接着，父亲又把小男孩送进以严格著称的圣那休格公学，这里的体罚是所有小朋友的噩梦——每犯一次错，都要打六下手板。于是，隔三差五的，小男孩的双手总被打得红肿。

就这样，一连串的可怕经历，深深地烙印在了小男孩的童年记忆之中，而且还严重地影响着他长大成人之后的生活——每天都生活在一片阴影之下，恐惧、紧张、焦虑，构成了他性格中最重要的部分。

20岁的时候，他进入电影界，但却一直无法成名，为此常常苦恼不已。27岁那一年，他突发奇想地把自己对世界深深的恐惧、紧张、焦虑，对极度礼教压抑下滋生的反叛和变态心理，作为一种"另类"的电影元素融入了作品中去，结果竟然出人意料地大获成功。

他就是世界著名的悬念大师——"现代恐怖片之父"希区柯克，一生共拍了53部电影，几乎部部著名，其中《精神病患者》等经典影片为他赢得了世界性的无上声誉。

生活，需要你用心理解，用心感悟。在某一时刻，尽早地发现它的真实，在拥有平和的心境、合理的思维的同时，给它以微笑，你就很容易越过障碍，注视将来。

在大文学家雨果的眼里，生活，就是自己身上有一架天平，在那上面衡量善与恶。生活，就是有正义感、有真理、有理智，就是始终不渝、诚实不欺、表里如一、心智纯正，并且对权利与义务同等重视。生活，就是知道自己的价值，自己所能做到的与自己所应该做到的。

能够如此透彻、理智地理解生活、面对生活，实属不易，而现实生活中的我们，特别是对于二十几岁的年轻人，在不能懂得生活的真谛时，把握好自己的人生，给自己以鼓励和宽慰，积极地行走在艰辛的生活路上，幸福的口子就会越开越大。

美国著名歌唱家卡丝·戴莉有一副动人的歌喉，唱起歌来婉转美妙，像百灵鸟一样，但她却长着一口龅牙，十分难看。她在参加歌唱比赛时，总是顾及自己难看的龅牙，尽力避免将口张得太开，一方面要放声歌唱，一方面又要极力掩饰自己的缺点，所以她的表演失败了。几乎每次参赛都是如此，她渐渐对自己感到绝望了。只有一个评委发现了她的歌唱天赋，告诉她："你有唱歌的天赋，你会取得成功，但你必须忘掉自己的龅牙。"在这位评委的帮助下，卡丝·戴莉渐渐走出自己的心理阴影，终于在一次全国性的大赛中，以极富个性化的演唱倾倒了观众、征服了评委，进而脱颖而出。

生活给予你的很少有尽如人意的地方。不是因为生活对你的刻薄，而是你很难找到一个合适的基点，来比较命运的公平与否。

任何一个人，在来到这个世界上的时候，他的容貌是无法选择的，就像我们无法选择自己出生的国度、家庭、父母一样。也许，你长得并不够漂亮和帅气，但你不应该自卑。我们不能选择容貌，但可以展现笑容，让生活拥有一抹抹亮色。

TUE 懂得珍惜，提升生活的幸福指数

人类一切努力的目的都在于获得幸福，但很多人都是在失去后才懂得珍惜，这是众生的常态。

每个人都懂得生命的重要，也都在努力追求着生活的幸福。在不同的起跑线上，在不同的跑道上，你总会看到很多疲惫的身影，幸福是什么，迷茫的旋涡让他们越陷越深。

欧文说，人类一切努力的目的都在于获得幸福。幸福，很多人以金钱的多少为最基本的定义。有一个朋友，快到不惑之年，几十年来都在追求幸福，可他说自己从来没有得到过幸福。刚步入职场时，他抱怨自己的不幸和环境的不好，羡慕那些在城里工作的人。过了几年，调到城里工作后，他又抱怨社会不公，羡慕那些在经济部门工作的人。工作岗位调整之后，他又抱怨自己时运不好，羡慕那些担任领导职务的同志。到如今，他当上领导了，金钱已经不再是紧手的问题，但他还是怨天尤人，闷闷不乐，丝毫感受不到自己的幸福。

在现实生活中，许多人一生也不会像他这样顺利高升，直到退休，可能也只是一个小职员。对于他们来说，生存就是为了赚钱，为了改善自己和家人的生活条件。对于他们，幸福感是否会更少呢？

也不尽然，老人说幸福是一种心态。当你患病时，你会觉得健康时是如此快乐。口渴的人，有一杯水喝就觉得幸福；饥饿的人，有一碗饭吃就觉得幸福；夜行的人，有一线光亮就觉得幸福；寒冷的人，有一盆火烤就觉得幸福；炎热的人，有一缕凉风就觉得幸福……这些人之所以能感受到人间的幸福，是因为他

们拥有珍惜的心态，不让自己的欲望过度膨胀。

因此，可以说，懂得珍惜，是幸福的发源点。

有一个人，他生前善良且乐于助人，所以死后升上天堂做了天使。他当了天使后，仍时常到凡间帮助人，希望感受到幸福的味道。

一天，他遇见了一位樵夫。樵夫一副闷闷不乐的样子，他向天使诉说："我用来砍柴的刀掉到悬崖下去了，没了刀，我怎么养家糊口呢？"于是，天使赐给了他一把很锋利的柴刀，樵夫很高兴，天使在他身上感受到了幸福的味道。

又一天，他遇见了一个女人。女人非常沮丧，向天使诉说："我的儿子得了重病，需要很多的钱医治，可是我很穷，儿子的命都保不住了。"天使给她很多银子，女人很高兴，天使在她身上感受到了幸福的味道。

又一天，他遇见了一个王子。王子年轻有为、英俊潇洒、有才华且富有，妻子美貌而温柔，但他却过得不快活。天使问他需要什么，王子说："我什么都有，只欠一样东西，你能够给我吗？"天使回答说："可以。你要什么我都可以给你。"王子直直地望着天使："我要的是幸福。"这下子把天使难倒了，天使想了想，说："好，我明白了。我能给你幸福。"天使先是拿走了王子的才华，然后又毁去了他的容貌，最后夺去了他的财产和他妻子的性命。天使做完这些事后便离去了。

过了一个月，天使回到王子的身边，他那时面容极丑，穿着破烂的衣裳，躺在大纷飞的大街上，又冷又饿。于是，天使把他以前的一切又还给了他，然后又离去了。

再过半个月后，天使再去看王子。这次，王子在皇宫里幸福地搂着妻子，不住地向天使道谢，因为他得到幸福了。

失去后才懂得珍惜，这是众生的常态。其实，幸福早就放在你的面前。肚子饿得不行的时候，有一碗热腾腾的拉面放在你眼前就是幸福；累得半死的时候，扑上软软的床也是幸福。

幸福还在于珍惜，每个人的生活都不容易，要学会珍惜。既然我们来到这个世界上，就要珍惜生命；既然身体是革命的本钱，就要珍惜健康；既然这份工作来之不易，就要珍惜每一天，干好每一件事；既然组合一个家庭不容易，就要珍惜父母、妻子、孩子的感情，尽好自己的义务；既然朋友难得、知己难求，就要珍惜友谊，为朋友多多付出；既然我们在社会中生活，就要尽到社会责任，为社会多多奉献。懂得了珍惜，生命才有意义，学会了珍惜，生活才会幸福。

WED 提升自己的经济能力，才能更好地享受生活

了解金钱对于人生的重要意义，在自己的头脑里树立起对金钱正面的、愉快的联想，从而拓展自己的财商，是人们提升经济能力的第一堂课。

除了极少数幸运者，大部分人的一生总会遇到一些波折，甚至在毫无准备的时候接受一场意外的考验。很多人受到某些文艺作品的影响，以为在困境中与亲人彼此温暖、一起苦捱是令人感动的高尚，谁要是独自逃离，就是背叛了爱情与亲情。他们暗自感叹：“看来真是人生难料啊！这一切都是命中注定！”

生活中有多少事情是命中注定的呢？谁也说不清楚。善待自己的人相信，在能否过好日子这个问题上，比“有天赋”和“命好”更有影响力的就是“智商”和“财商”。在困难的处境之中，人最明智的选择应该是努力提高自己的经济能力，激活命运的残局。

毫无疑问，经济能力是一个人生存的保障。钱是人们生活的必需品，谁也

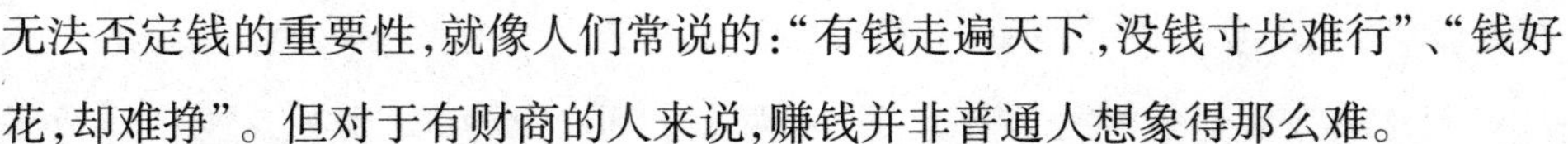

无法否定钱的重要性，就像人们常说的："有钱走遍天下，没钱寸步难行"、"钱好花，却难挣"。但对于有财商的人来说，赚钱并非普通人想象得那么难。

古时候，在欧洲某个国家，有个小商人，聪明伶俐，天生就具有经营的本领。

有一天，他在大街上捡到一只老鼠，便决定用它作为资本，做点小生意。于是，他把老鼠送到一家药铺，得到一枚钱，他用这枚小钱买了一点糖浆，又用一只小罐盛满一罐水。他看见一群制作花环的花匠从树林里采花回来，便用勺子盛水给花匠们喝，每勺里搁一点糖浆。花匠们喝后，每人送他一束鲜花。他卖掉这些鲜花，第二天又带着糖浆和水罐到花圃去。这天，他再次得到了一些鲜花。他用这样的方法，不久便积攒了8个铜币。

有一天，风雨交加，御花园里满地都是狂风吹落的枯枝败叶，园丁不知道怎么清除它们。小商人走到那里，对园丁说："如果这些枯枝败叶全归我，我可以把它打扫干净。"

园丁一听，非常痛快地答应了："先生，你都拿去吧。"

这个人来到一群玩耍的儿童中间，分给他们糖果，顷刻之间，他们帮他把所有的枯枝败叶全都捡拾一空，堆在御花园门口。这时，皇家陶工为了烧制皇家餐具，正在寻找木柴，当他看到御花园门口这堆枯枝时，非常高兴，因为这正是他所需要的，于是，他就从小商人手里买下运走。这样一来，小商人就通过卖柴火得到16个铜币和水罐等5样餐具。

小商主现在已经有24个铜币了，为了给自己增加财富，他又想出一个主意：在离城不远的地方设置了一个水缸，供应500个割草工饮水。那些割草工说："朋友，你待我们太好了，我们能为你做点什么呢？"

"等我需要的时候，再请你们帮忙吧！"他四处游荡，结识了一个陆路商人和一个水路商人。

陆路商人告诉他："明天会有个马贩子带500匹马进城来。"听了陆路商人的话，他对割草工们说："今天请你们每个人给我一捆草，而且，在我的草没有卖掉之前，你们不要卖自己的草，行吗？”

割草工人们都很爽快地答应了，随即拿出500捆草，送到他家里。马贩子来后，走遍全城也找不到饲料，只得出1000枚铜币买下了小商人的500捆草。

几天后，水路商人告诉他：“有条大船进港了。”小商人又想出了一个主意，他花了几枚铜币临时雇了一辆备有侍从的车子，冠冕堂皇地来到港口，以他的戒指作抵押订下全船货物，然后在附近搭了个帐篷。他坐在里边，吩咐侍从道：“当商人们来求见时，你们要通报3次。”

听说商船抵达后，大约有100个波罗奈商人立即前来购货，但他们得到的回答却是：“没你们的份了，全船货物都给了一个大商人了。”听了这话，商人们只好来到小商人那里。侍从按照事先的吩咐，通报3次才让商人们进入帐篷。小商人让100个商人每个人给他1000个铜币，才可以取得船上货物的分享权……

由于小商主巧作经营，在很短的时间内，他以一只老鼠为资本就获得了巨大的财富，成了远近闻名的富商。

提升自己的财商，从而让自己的经济能力有一个较大的飞跃，你的生活也会随之迈上一个新的境界。

同处在这个世界上，每个人都无可避免地要受到压力的困扰，面对不同层次的竞争。但是我们应该看到，那些还没有足够的经济能力，没有建立起自己的金钱保障体系的人，每天除了要面对纷繁的人事纠葛外，同时还要承担衣食住行的考验，生活对于他们的重压将更漫长，更无奈。

了解金钱对于人生的重要意义，在自己的头脑里树立起对金钱正面的、愉快的联想，从而拓展自己的财商，是人们提升经济能力的第一堂课。即便只是为了让自己生命里的内容更丰富，让自己活得更精彩，每个善待自己的人也很有必要从今天开始就积极亲近金钱。只为简单的生存条件奔波劳碌是一生，创造自己的生活资本、尽情享受金钱全方位的回馈也是一生，只要不断提升你的经济能力，每个人都有资格也有条件享受美好的生活。

THU 学会享受，生存并不是为了赚钱

学会享受，才懂得热爱生活。享受可以给奔波者宁静的温馨，享受可以让劳碌者体会到悠闲的诗意。

在某些人的思想里，享受总与腐败、堕落、消极等词联系在一起。以至于他们只知道拼命劳作是一种勤劳的品质，而忘记了享受生活是一种恬静的淡然。

也许有人会说，饭都吃不起了，哪里来的享受。享受一词在他们的心中仿佛只是那些富豪的专利，和自己毫无关系，索性根本就不去触及和深想这个词的意思。在大多数情况下，我们有一种根深蒂固的错觉，那就是一定要努力学习，一定要努力工作，一定要努力赚钱，在这一切都追求到之后，幸福的生活就会悄然而至，人生的享受才由此拉开帷幕。

如果你是个幸运儿，按照上面的享受生活的方法，你在五六十岁时，或许能达到自己期望的状态。如果你的人生终究是真真实实、平平淡淡的话，且不说钱赚多少才算获得满意的生活，如果你不能迅速地成为千万富翁的话，例如结婚、买房、生子、养老等现实问题会接连不断地打破你一直在内心塑造的平静的生活，钱向流水一样从你的口袋里抛出，在你的存折上你永远不会有一笔用于享受的经费。

人是一种有着美好憧憬的动物，年轻的时候，我们总是想着等到老了以后要好好享受，去环球旅行；当我们有了孩子的时候，总是惦记着让子女好好享受。至于自己到底需不需要享受，自己什么时候享受，却从不去认真考虑。所以，事实上，很多人不会享受。

有一种说法：年轻的时候，我们拿命换钱；年老了以后，我们拿钱换命。仔细想一想，人活得真是悲哀！我们从来没有问过自己：你在为谁工作？你工作是为了什么？你会不会享受生活，会不会享受生命？

其实，享受是一种态度，与金钱的多少无关，与年龄的大小无关，与职位的高低无关。

会享受就是要爱自己，就是要对自己好一点。会享受，就是要提升自己生命的质量。既然我们无法改变生命的长度，那就去努力拓展生命的宽度，努力挖掘生命的深度。

我们一定不要忘了，生活也是大事业。要像经营自己的事业一样去经营自己的生活，经营自己的爱情，经营自己的健康。爱工作更爱生活，爱生活更爱身体。

享受是一种心境。

享受的关键在于寻找快乐的人生，而快乐并不在于其拥有多少、获得多少，生活质量如何，而是在于其怎样看待周围的人和事情，怎样让自己有一颗接纳一切快乐事物的心。

曾经听一位心理学专家讲过这样一个故事：

从前，有一个孩子为了得到无穷无尽的快乐和幸福，不惜跋山涉水，历尽千辛万苦，去终南山寻找据说能使人快乐的一种藤。日复一日地奔波之后，功夫不负有心人，他终于如愿以偿寻找到了这种藤，当他把藤握在手里时，满心欢喜地他却发现自己并没有得到预想中的快乐，反而感到一种前所未有的空虚和失落感。

他在原地呆坐到天黑，这天晚上，他在山上一位老人的屋中借宿，面对皎洁的月光，发出一声长长的叹息。老人闻声问他为何叹息，他说出了心中的疑问："为什么已经得到快乐藤，我却没有得到快乐呢？"那位老人听了，哈哈一笑，对年轻人说："其实，快乐藤并不在终南山上，而在每个人的心中。只要你有快乐的根，无论走到天涯海角，都能够得到快乐。"老人的话让这位年轻人耳目一新，他迫不及待地又问："那什么是快乐的根呢？" 终南老人捋着胡须答到："心，心就是快乐的根。"

人的幸福的感觉产生于自己的心中,快乐源自每个人的心里,受到每个人的心态的操控,能够摆正心态的人,才会懂得享受生活的真谛。

有人说,人生有三只兔子不可追:少儿时代,教室之外嬉戏玩耍是一只诱人的兔子,你若去追赶它,它就带给你荒废的一生;青年时代,校园之外名利富贵是一只诱人的兔子,你若去追赶它,它就带给你虚荣的一生;中年时代,社会之上灯红酒绿是一只诱人的兔子,你若去追赶它,它就带给你堕落的一生。

当然,我们提倡的享受,并不是这三只"兔子"。有的人,从摇篮到坟墓始终没有享受过身边的幸福,是因为他们有一种错觉,认为物质享受才是幸福。

学会享受,才懂得去热爱生活。享受是一种心态。"贤者乐山,智者乐水。"是山水让贤者更贤,智者更智呢,还是贤者会享受呢?享受可以给奔波者宁静的温馨,享受可以让劳碌者体会到悠闲的诗意,享受可以让生活丰富多彩,享受可以让人生更有意义。

FRI 善待自己的身体,有健康才有将来

身体健康会给你的事业这项大工程添砖加瓦,同时心理健康也是你不容忽视的一个问题。两种健康就像是一对好兄弟,一损俱损,一荣俱荣。

"吃得比猪少,干得比牛多,睡得比狗晚,起得比鸡早。"虽然有点戏谑和夸张,但确实是现在不少白领、骨干、精英工作、生活的真实写照。

应该说,年轻人努力工作的态度本无可厚非,而且值得称赞,但在繁忙工作之余,却忽视自身身体的健康,这给自己的将来埋下巨大的隐患。有调查表明,

在白领人群中,有近20%的人几乎不做任何形式的体育锻炼;半数的白领说没有时间或者工作太累而不想锻炼;还有40%的白领则说不愿意将时间浪费在锻炼上,因为有重要的事情要做。而在有疾病的白领中,35%不愿去看医生,而且白领们在医生面前谎报病情的情况颇为严重。

这就是生活在重压下的白领们的身体状况。身体就像是一部机器,越用越灵活,越健康。长期不从事体育锻炼,不仅体形存在发福的危险,而且身体内在的质量会如决口的河堤一样越来越糟糕。

人们常说有健康才有将来。健康,赋予生命无穷的活力,创造生活无限的精彩。将来,给了我们无穷的梦想。毛泽东说过:身体是革命的本钱。

一个人最大的财富就是他的健康和精力,这是无论用多少钱都买不来的。

从前,有一个贫穷的年轻人,他没有考虑如何改变自己现有的生活,而是经常抱怨自己时运不济,没有机会发财,使得自己终日受穷,他为此终日愁眉不展,并且常常叹息:“如果我能够拥有一大笔财富,那该多好啊!”

有一天,年轻人又在唉声叹气,这时,过来一个须发皆白的老人,他见年轻人不高兴,便问道;“年轻人,你有什么事情吗? 怎么不高兴呢?”

“老天对我不公平,别人都能有很多钱,生活富足快乐,可我却始终那么贫穷。”年轻人将心中的想法讲了出来。

“你很穷?”老人感到很惊奇,有些不相信年轻人的话,但又由衷地说:“我看你很富有!”

“我没有钱、没有工作、没有穿的和用的,这怎么能叫富有呢?”年轻人问道。

老人没有从正面回答,而是反问道:“年轻人,我用1000元买你的手指头,你同意吗?”

“那可不行! 没有手指头,我就没办法拿东西了!”

“那我给你10000元,买你的一只手,你同意吗?”老人又问。

“不行,我不想当残疾人!”年轻人再次拒绝了。

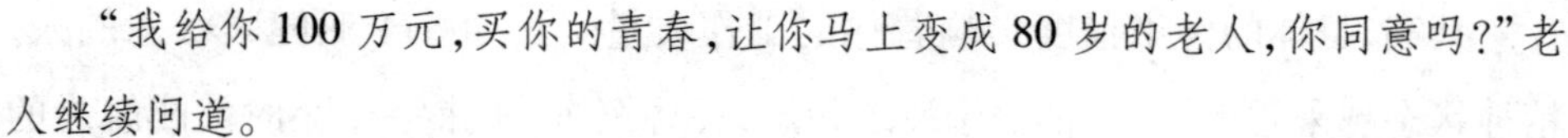

"我给你100万元，买你的青春，让你马上变成80岁的老人，你同意吗?"老人继续问道。

"不行，我怎么能出卖自己的年龄！"年轻人回答。

"那我给你1000万元，让你马上死掉，可以吗?"

"不可以，那怎么能行呢，那样的话，我还要钱做什么?"年轻人蹦了起来。

听了年轻人的回答，老人笑呵呵地问道："既然你已经有了超过1000万元的财富，为什么还要哀叹自己穷呢?"

老人的话让年轻人呆立当场、无言以对，但他心中却想到：对呀！我已经这么有钱了，还有什么可叹息的呢?

看看自己的工作和生活，你是不是在拼命地过程中，也在以身体为代价，而换取看似更多的金钱呢？试想，没有了健康，你还能拥有什么。健康不以财富地位的不同而有所变化，不管你有多大的成就，有多少财富，如果你没有遵循健康规律，健康就会离你而去。

年轻的时候用命换钱，等到老了的时候再用钱换命。有的年轻人只知道工作，并不注意休息，更别提健康投资了。

王强是一个头脑聪明、敢于吃苦的人，在社会上打拼了几年之后，他自己创业，很快就拥有了自己的公司，并且很快就发展壮大起来。身为公司董事长的他成了亿万富翁，资产达到两亿元，而且他的年龄还未到40岁，正当他家庭、事业一帆风顺的时候，却因病住进了医院。

原来，在他创业的时候，他曾经没日没夜地工作，这种对自己身体的极度透支，埋下了健康的隐患。经过专家会诊，他必须动大手术，但是手术效果如何?院方也不敢保证。他们所敢保证的是，如果不做手术，他只有半年的时间可活。当这位病人声称愿意用自己所有的财富来换取健康的时候，已经晚了，因为健康是无价的，也是到任何地方都无法换取的！

其实，身体的健康程度影响着你的工作质量。长期处于亚健康状态的人，精神状态越来越差，每天都处于疲乏状态，昏昏沉沉，本来一个小时就能解决的事情，最后拖了三个小时仍不见成果，最后只得搭进更多的时间，加班、熬夜，第二天更没有精神。这样的恶性循环不仅让你的工作焦头烂额，而且也在透支着你的身体本钱。

身体健康会给你的事业这项大工程添砖加瓦，同时心理健康也是你不容忽视的一个问题。两种健康就像是一对好兄弟，一损俱损，一荣俱荣。毛泽东在中学时代就坚持洗冷水澡，爬山游水更是不在话下，这铸就了他强健的体魄。同时，他更注重读书，以此来陶冶自己的情操，修正自己的品性。这为他在今后漫长的革命岁月中能始终保持高昂的斗志和必胜的信心打下了坚实的基础。

健康是自然给予我们最公平、最珍贵的礼物，良好的健康状况和随之而来的愉快情绪是人生幸福的最好保障。失去了健康，你所拥有的一切都不过是水中月、镜中花，终会随风而逝！

SAT 不做压力的奴隶，让生活更积极

当我们处于压力的困扰中时，找一个释放自己内心感触的港湾也是一种别致的情怀，暂时忘却也是一种美丽的境界。

在闲暇时走进公园，在观赏美景的同时，放松一下身心，体味美好的生活。走近喷水池，看着高高喷射出的银花，我们不假思索地就会明白这是压力的作用。

就像我们经常见到的喷水池一样，生活中的压力也处处存在。有压力才会有动力，有动力才会让生活有质感。话虽如此，但人们在面对来自各方的压力时却让心时常找不到自己，看不清方向。

即使你可以逃避，但也只是一时，问题仍然会在下一刻侵扰你的内心。压力给人以苦恼，因此有太多的人一直在寻求解密，让心在失衡的现代社会中找到属于自己的天堂与乐园。但是各种困扰却会层出不穷地出现在我们的人生里，它似乎变化着花样悄悄地来到我们的身旁，伴着岁月与我们一起成长。如果你能驾驭它，就能成为它的主人；如果你任由它肆意增长，它就会成为你人生的一大主题，让你的悲情生活一遍遍上演。这或许就是生活的有趣之处。

在一次煤窑施工中发生了瓦斯爆炸，煤窑严重坍塌，唯一的出口被厚实的泥土严严地堵死，在矿井中作业的五位矿工深困其内。幸运的是，矿井里刚好有足够的食物和水源。这给被困矿工赢得了极大的生机。他们找到各自的位置，安静地坐下，等待着窑外的人们前来救援。

时间在死寂的黑暗中震颤着。一天、两天……一个星期过去了，他们支着耳朵，却始终没有听到渴望已久的声音。有人开始烦躁，有人发出凄厉的尖叫。大家已无法承受恶劣环境带来的巨大的精神压力，个个都快要崩溃了。

突然，他们听到“啪”的一声。黑暗中有人吼叫起来，“谁，他妈的谁打我?”一个黑影朝四个伙伴咆哮着，四个伙伴都开始辩解。可黑影就是纠缠着他们不放，审犯人似的一个个详细审问，甚至问得有些不着边际。为了免受冤枉，四位工友还是认认真真地回答。直至个个哈欠连天，声称被打的黑影这才闭了嘴，没趣地倒在一旁呼呼大睡。过了许久，大家都睡醒了，又听到“啪”的一声脆响，这次挨打的是另一位工友，只见他捂着脸，怒不可遏地嚎叫起来，径直扑向第一个挨打的黑影。双方都不示弱，幸好其余三位工友眼疾手快，死死把双方抱住，两人才住手。为此，大家你一言我一语地理论起来。

类似的情况在每位矿工身上都发生过，其中一位脾气很好的矿工连续挨了三个耳光，最后忍无可忍，勃然大怒。就在他们整天为耳光的事纠缠不清的时候，头顶一丝微弱的亮光提醒他们，有人来救他们了。至此，他们在井底足足被困了23个日日夜夜。

你知道这几个工人，最终为什么能活下来吗？在黑暗中相互猜疑，以至于互相大打出手，在这种"自相残杀"的状态下，他们竟然存活了23个日日夜夜，这都是因为他们处于压力之下，利用压力，转移了自身对恐惧的注意力。

能够控制压力，让压力给自己以积极的作用，你的人生才会大踏步地接近成熟。但生活中的很多人已经习惯了在可以选择前进时去选择无所作为，因为前方有太多的苦难要去面对。很多人在能够挑战自己、改变生活时选择了维持现状，因为现实的压力让他们觉得自己进退维谷。哲人说："谁要是害怕走崎岖的山路，谁就只好永远留在山脚下。"谁要是不能在压力面前站直了，不趴下，谁也就永远只能在原地踏步，苦闷地思考自己为什么不能拥有收获的喜悦。

懂得控制和利用压力的人，是生活中的强者，即使你做不到这点，能让自己学会释放压力，让生活变得轻松、恬静，你也是一个善待自己的人。

压力与心态也是紧密相连的，把握好自己的心态，管理好自己的情绪。让压力减少到最低程度，适当地释放，会是一种很不错的方法。

如果你也把握不好自己的心境，或者你心乱如麻，暂时地忘却也是一种美丽的境界。现实人生中，当我们处于压力的困扰中时，找一个释放自己内心感触的港湾也是一种别致的情怀。暂时忘却能让心得到抚慰和歇息。让心拥有一刻的洒脱，释放心中的苦闷，得到暂时的宽慰，然后正视自己，面对生活。

SUN 为了美好的明天,会工作更要会生活

无论是辉煌的过去还是不忍回首的昨天,都已经是逝去的过往,光荣不可重现,失败不会持续,明天才是应该追求的。

有一天,三个凡人来到天堂,接受上帝的询问,上帝说:“你们来到人间是为什么呢?”第一个回答说:“我来到这个世界是为了享受生活。”第二个回答说:“我来到这个世界是为了努力工作。”第三个回答说:“我既是承受生活给我的磨难,努力工作,同时又要享受生活赐给我的幸福。”上帝给前两个人打了50分,给第三个人打了100分。

生活与工作,当他们纠缠在一起,怎么样也分不清时,说明你已经无奈地变得更加成熟。人生是一个不断选择的过程,生活是一艘行驶在大海中的小船,命运的舵永远掌握在自己的手中。

卡特和麦斯是一对刚刚步入婚姻殿堂的夫妻,他们彼此相爱,互相关心,曾山盟海誓可以为对方付出一切。

婚后不久,生活的平淡渐渐侵袭着他们。两个人在家里的沟通越来越少,各自干着自己的事情。那时,正逢通货膨胀,物价飞速增长,他们的生活虽谈不上拮据,但紧迫感压得他们喘不过气来。

“我发现我怀孕了,有两个月了。”麦斯低着头对卡特说。

卡特一阵惊喜,眉开眼笑,随后也低下了头。他们都知道,这时要孩子,他们的生活将会十分艰难。过了一会,卡特对妻子说:“不要怕,一切都会好起来的，我们的生活会很幸福。”

第二天早晨，年轻的业务员卡特最终决定要向老板提出加薪。在上班前，他把自己的想法告诉了麦斯。到了办公室后，他一整天都紧张不安。最后，到了下午，他鼓起勇气走进老板的办公室，向老板说了自己的生活状况和要求加薪的想法，让他兴奋不已的是，老板答应了他的要求。

卡特回到家里，等待他的是一桌丰盛的晚餐，用家里最好的餐具盛放着，桌上点着蜡烛。他闻着晚餐的香味，心想一定是哪个同事已经打电话给他的妻子通风报信了。他来到厨房，急切地告诉妻子这个喜讯。他们拥抱在一起，在房间里翩翩起舞，然后他们坐下来享用妻子准备的美餐。他发现在他的盘子旁边有一张卡片，上面写着：“亲爱的，祝贺你！我知道你会得到加薪的！我准备了这份晚餐，我要你知道我有多么爱你！”

卡特为此激动不已，与妻子深深地拥抱在一起。后来，当他去厨房帮妻子准备甜点时，他注意到妻子的口袋里掉落了另一张卡片。他捡起卡片，上面写着：“不要为没有加薪而担忧。你配得上更高的薪水！我准备了这份晚餐，我要你知道我有多么爱你！”

对于大多数家庭来说，生活都不是奢侈的，更多的是粗茶淡饭，平常的生活，但是这种简单而真实的生活，是爱滋生的最好的土壤。也许你的家庭也不富裕，甚至贫困，但要记住：不要让家里失去温暖，失去爱。不要让工作左右生活，决定生活的色彩。

在生活和工作中，我们扮演不同的角色，有很多人正在变换角色。但逐渐走向成熟，逐渐变得更为现实永远是其中的主旋律。随着现实压力的增大和各种需求扑面而来，很多人身体疲惫地忙于工作，不仅失去了生活的热情，失去了对生活的享受之念，同时也失去了自己。将一切虚无进行到底，将一切趋炎附势进行到底，将一切面目表情藏在面具后，这一切都是为了不断地拓展事业，改善生活。

人活着的这一生，要更好地享受生活，而不是以努力工作为借口，忽视生活的质量和生活的享受。其实，在现实生活中努力工作很简单，难的恰恰是同样努力生活。

生活不仅仅需要工作，还需要有一份美丽的心情来装点生命。努力把今天做到完美，同时拥有生活的情趣，为了明天不断储备，这样的人，才是最懂得生活的人。

生活原本就很真实，无论是辉煌的过去还是不忍回首的昨天，都已经是逝去的过往，光荣不可重现，失败不会持续，明天才是应该追求的，享受此刻才是最重要的。昨天的成功与失败，都随着“现在”这个分水岭，被留在生命的过往旅途中。未来，意味着无限可能。现在，意味着你正在选择创造幸福还是制造遗憾。

参考文献

[1] 李开复.做最好的自己[M].北京:人民出版社,2005.

[2] 林少波.我的人生我做主[M].北京:中国纺织出版社,2005.

[3] 金韵容.先斟满自己的杯子[M].北京:中信出版社,2008.

[4] 靳西.卡耐基人际关系学[M].北京:燕山出版社,2007.

[5] 尚阳,余闲.你在为谁读书[M].武汉:湖北少儿出版社,2006.

[6] 曼锹诺.世界上最伟大的奥秘[M].海口:海南出版社,2000.

[7] 郑沄,郑鉴.二十几岁决定人的一生[M].北京:中国纺织出版社,2008.

[8] 赵倩.活出自己:永远不做大多数[M].北京:中国纺织出版社,2008.